Kliniktaschenbücher

M. Wagner   R. Schabus

Funktionelle Anatomie des Kniegelenks

Mit 44 Abbildungen

Springer-Verlag
Berlin Heidelberg New York 1982

Doz. Dr. Michael Wagner
I. Universitätsklinik für Unfallchirurgie
Alserstraße 4, A-1097 Wien

Dr. Rudolf Schabus
I. Universitätsklinik für Unfallchirurgie
Alserstraße 4, A-1097 Wien

ISBN-13: 978-3-540-11639-4   e-ISBN-13: 978-3-642-48182-6
DOI: 10.1007/978-3-642-48182-6

CIP-Kurztitelaufnahme der Deutschen Bibliothek. Wagner, Michael: Funktionelle Anatomie des Kniegelenks / M. Wagner ; R. Schabus. – Berlin ; Heidelberg ; New York : Springer, 1982. (Kliniktaschenbücher)
ISBN-13: 978-3-540-11639-4
NE: Schabus, Rudolf:

Das Werk ist urheberrechtlich geschützt. Die dadurch begründeten Rechte, insbesondere die der Übersetzung, des Nachdruckes, der Entnahme von Abbildungen, der Funksendung, der Wiedergabe auf photomechanischem oder ähnlichem Wege und der Speicherung in Datenverarbeitungsanlagen bleiben, auch bei nur auszugsweiser Verwertung, vorbehalten. „Die Vergütungsansprüche des § 54, Abs. 2 UrhG werden durch die ‚Verwertungsgesellschaft Wort' München, wahrgenommen."
© by Springer-Verlag Berlin, Heidelberg 1982

Die Wiedergabe von Gebrauchsnamen, Handelsnamen, Warenbezeichnungen usw. in diesem Werk berechtigt auch ohne besondere Kennzeichnung nicht zu der Annahme, daß solche Namen im Sinne der Warenzeichen- und Markenschutz-Gesetzgebung als frei zu betrachten wären und daher von jedermann benutzt werden dürften.

2124/3140-543210

Herrn Univ.-Prof. Dr. Emanuel Trojan
in Dankbarkeit gewidmet

Geleitwort

Profunde Kenntnisse der Anatomie und der Funktion des Kniegelenks sind die Voraussetzung für das Verständnis von Verletzungen, posttraumatischen Schäden und Erkrankungen des Kniegelenks. Nur wenn der Traumatologe die funktionelle Anatomie beherrscht und die Pathophysiologie des Kniegelenks versteht, kann er frische Läsionen und chronische Beschwerden exakt beurteilen und einer kausalen Behandlung zuführen.
Die Behandlung der Bandverletzungen des Kniegelenks hat sich im Laufe der letzten 3 Jahrzehnte grundlegend geändert. Vor dieser Zeit wurden die frischen Bandverletzungen vorwiegend konservativ behandelt, wobei die Ergebnisse dieser Behandlung bei komplexen Bandschäden oft unbefriedigend waren. Es waren besonders amerikanische und französische Chirurgen, die seit den frühen fünfziger Jahren in zunehmendem Maße die operative Rekonstruktion der komplexen Bandschäden gefordert und durchgeführt haben. Diesen Chirurgen verdanken wir eine bessere Kenntnis der pathologisch-anatomischen Veränderungen bei den komplexen Kapsel-Band-Verletzungen.
Die anatomischen Beschreibungen früherer Lehrbü-

cher sind für den Unfallchirurgen heute nicht mehr ausreichend; bei der Präparation schwerer frischer Bandverletzungen gelangt man zu einer wesentlich detaillierteren chirurgisch-anatomischen Gliederung der Strukturen. Die Ergänzung der chirurgisch-anatomischen Nomenklatur nach funktionellen Gesichtspunkten ist daher eine vordringliche Aufgabe.

Es ist äußerst verdienstvoll, daß die Autoren die vorliegende funktionelle Anatomie des Kniegelenks verfaßt haben. Der klare Text und die eindrucksvollen Abbildungen, die das Ergebnis zahlreicher Kniegelenkspräparationen und operativer Versorgungen von frischen und chronischen Kniegelenksverletzungen sind, vermitteln dem Leser ein anschauliches und umfassendes Bild der gesamten Materie. Dieses Buch, für das ich meinen Mitarbeitern danke, wird allen interessierten Kollegen ein wertvoller Helfer sein.

Wien, im Dezember 1981   E. Trojan

Vorwort

Die Darstellung der Anatomie der Gelenke ist in den meisten gängigen Lehrbüchern sehr kurz gehalten. Vor allem wird auf die funktionelle Bedeutung der einzelnen Strukturen und auf deren Zusammenwirken kaum eingegangen.
Für den Arzt, der Verletzungen und Erkrankungen des Kniegelenks diagnostizieren und behandeln soll, sind jedoch gute Kenntnisse der Anatomie unerläßlich; gepaart mit dem Wissen um die funktionelle Bedeutung der Strukturen bilden sie die Grundlage für eine exakte Diagnose und eine adäquate Behandlung. Die Anatomie ist somit der „Schlüssel" zum Kniegelenk.
In diesem Taschenbuch ist versucht worden, neue Hinweise aus der Literatur zusammen mit der eigenen Erfahrung aus vielen Operationen und Kniegelenkspräparationen in knapper Form darzustellen. Dabei war es oft erforderlich, die anatomischen Strukturen deskriptiv zu begrenzen und es konnte nicht immer im Detail auf die individuellen Unterschiede dieser Strukturen und auf deren Variationen eingegangen werden. Wichtig war es uns jedoch, das funktionelle Zusammenspiel dieser Strukturen aufzuzeigen.

Wir hoffen, mit diesem Kliniktaschenbuch vielen Kollegen die Möglichkeit zu bieten, die neuen Erkenntnisse in ihre Überlegungen einzubeziehen und das anatomische Basiswissen zu vertiefen.

Unser Dank gilt Herrn G. Pucher für die Anfertigung der Zeichnungen und dem Springer-Verlag für die Drucklegung dieses Buches.

Wien, im Jänner 1982
M. Wagner
R. Schabus

Inhaltsverzeichnis

Einleitung 1

Knöcherne Strukturen 3
Femur 3
Tibia 6
Patella 8
Fabella 10

Gelenkknorpel 11

Muskulatur 15
Streckmuskulatur 15
Beugemuskulatur 16
Rotationsmuskeln 16

Kapsel-Band-Strukturen 19
Medialer Komplex 19
Lateraler Komplex 30
Vordere Strukturen 37
 Streckapparat 38
Hintere Strukturen 45
Kreuzbänder 47

Menisken 59
Funktionen 66
Verletzungen 67

Infrapatellarer Fettkörper 69

Plicae synoviales 71

Bursae synoviales 73

Gefäßversorgung 77

Innervation 81

Biomechanische und funktionelle Hinweise 85

Literatur 91

Sachverzeichnis 95

Einleitung

Das Knie ist aus 3 Gelenken zusammengesetzt: 2 Gelenken zwischen den Femurkondylen und dem jeweiligen Tibiaplateau (sie werden durch die Menisken geteilt) und einem weiteren Gelenk zwischen der Kniescheibe und dem Femurkondylenmassiv. Die knöchernen Gelenkkörper werden durch den Kapsel-Band-Apparat, durch Sehnen und Muskeln verbunden.

Das Kniegelenk wird aus Strukturen von unterschiedlichen Gewebetypen gebildet:
- Die knöchernen Strukturen sind geringfügig elastisch und absorbieren v.a. die Kompressionskräfte.
- Die Knorpel und Menisken sind elastische Gewebe, denen bei axialer Belastung vorwiegend eine dämpfende und kongruenzverbessernde Aufgabe zukommt.
- Die Muskeln mit ihren sehnigen Ansätzen sind aktiv elastische Strukturen und können nur „unter Spannung" arbeiten.
- Die Bänder sind passiv elastisch und können ebenfalls nur „unter Spannung" belastet werden; ihre durchschnittliche Elastizitätsgrenze liegt bei einer Längenzunahme von etwa 5–6%.

Knöcherne Strukturen (Abb. 1–6 a–c)

Das distale Ende des Oberschenkelknochens, der Schienbeinkopf und die Kniescheibe bilden gemeinsam den knöchernen Aufbau des Kniegelenks. Das Wadenbeinköpfchen ist nicht direkt am Aufbau des Gelenks mitbeteiligt, dient jedoch als Ansatzstelle für laterale Kapsel-Band-Strukturen und Sehnen.

Femur

Die Gelenkrollen des Femurs sind dorsal durch die Fossa intercondylaris getrennt und ventral durch die Facies patellaris verbunden. Die Gelenkflächen beider Kondylen sind in der Längs- wie auch in der Querrichtung von ventral nach dorsal zunehmend gekrümmt. Ventral springt der laterale Kondylus weiter vor; dorsal ist der laterale Kondylus kürzer als der mediale. Das Kondylenmassiv wird nach lateral breiter und nach dorsal wieder schmäler. Der mediale Kondylus ist vorne und hinten etwa gleich breit; der laterale verschmälert sich nach hinten. An der medialen Fläche des Condylus femoris medialis befinden sich 2 knöcherne Erhebungen: der Epicondylus medialis fe-

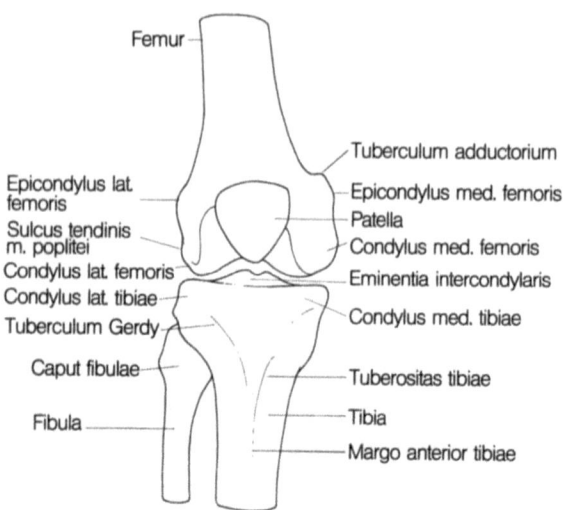

Abb. 1. Knöcherne Strukturen eines rechten Kniegelenks. Ansicht von ventral

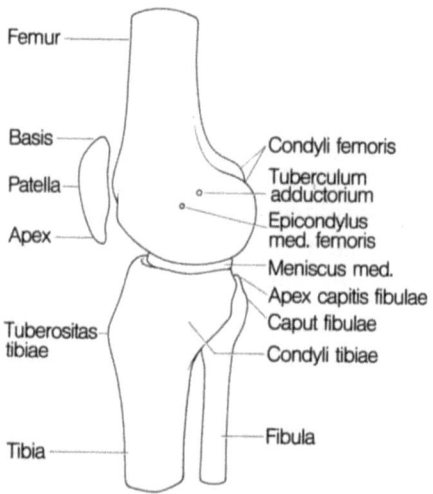

Abb. 2. Knöcherne Strukturen eines rechten Kniegelenks einschließlich des medialen Meniskus. Ansicht von medial

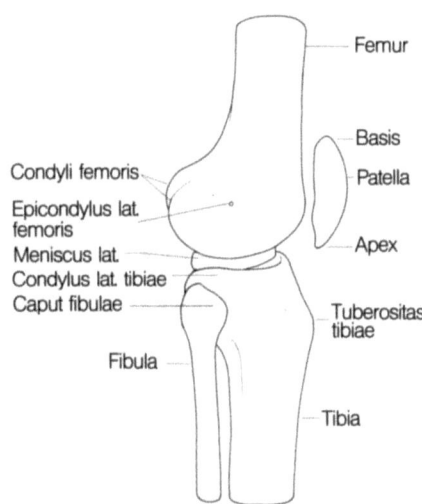

Abb. 3. Knöcherne Strukturen eines rechten Kniegelenks einschließlich des lateralen Meniskus. Ansicht von lateral

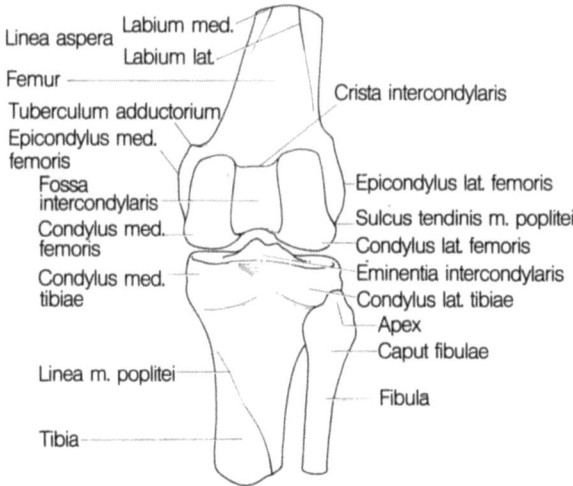

Abb. 4. Knöcherne Strukturen eines rechten Kniegelenks. Ansicht von dorsal

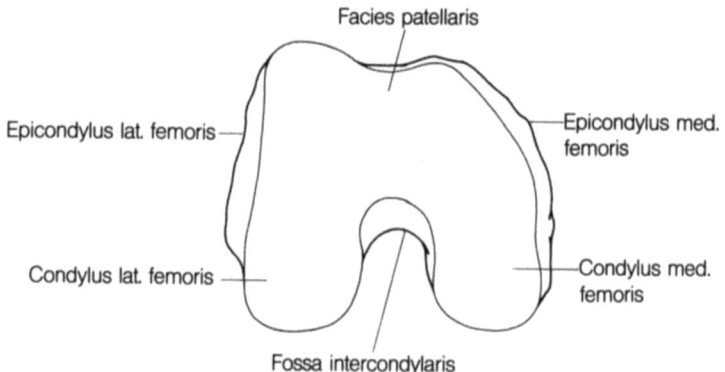

Abb. 5. Rechtes distales Femurende. Ansicht von distal

moris und das Tuberculum adductorium. Der Condylus femoris lateralis weist hingegen eine Erhebung, den Epicondylus femoris lateralis, und einen Sulkus für die Sehne des M. popliteus auf.

Tibia

Das Tibiaplateau ist in der Mittellinie durch die Eminentia intercondylaris mit ihrem medialen und lateralen Tuberkulum sowie durch die vor und hinter der Eminentia intercondylaris liegenden nichtüberknorpelten Areae intercondylares geteilt, an denen die Kreuzbänder und die Meniskushörner ihre tibiale Fixation haben.

Die Schienbeingelenkfläche ist etwa 9° nach dorsal geneigt *(Retroversio);* die Gelenkkörper sind aus der Tibiaschaftachse nach dorsal verlagert *(Retropositio).* Die Knorpelfläche des medialen Plateaus ist flach oder leicht konkav, während die des lateralen konvex ist. Dorsal fällt das laterale Tibiaplateau ab und der Gelenkknorpel setzt sich nach distal-dorsal über die hintere Plateaulippe fort. Wenn sich der laterale Meniskus bei Beugung des Kniegelenks nach hinten bewegt, gleitet er über diesen Teil des Plateaus. In der Sagittalebene ist der mediale Tibiakopf länger als der laterale.

Ein wesentlicher Teil des Körpergewichts wird durch die ansteigende Eminentia intercondylaris getragen, und zwar in größerem Ausmaß als dies die flachen Gelenkflächen des Tibiaplateaus vermögen. Die ansteigenden Tuberkula der Tibia fügen sich in die Fossa intercondylaris des Femurs ein, was zu einer zusätzlichen Stabilisierung des Gelenks bei zunehmender Kniegelenksstreckung beiträgt (Verriegelung). Die Form der Eminentia führt zur Selbstzentrierung in der Frontalebene, v. a. beim Übergang aus einer nichtbelasteten Position in eine belastete Gelenkstellung; bei Belastung taucht die Eminentia intercondylaris tibiae in die Fossa intercondylaris femoris ein und ist somit ein effektiver, knöcherner Stabilisator.

Patella

Die Kniescheibe hat eine Dreiecksform; die Basis liegt proximal, die Spitze zeigt nach distal.
Die konvexe Vorderfläche wird von vielen Gefäßkanälen durchzogen; die vertikal verlaufenden Vertiefungen werden durch Einstrahlungen der Sehne des M. quadriceps femoris gebildet. Die Hinterfläche

wird in eine obere, überknorpelte Gelenkfläche und eine untere, nichtüberknorpelte Fläche unterteilt.
An der Gelenkfläche werden eine mediale und eine laterale Facette und mehrere Randfacetten, insgesamt 7 Facettenabschnitte, unterschieden; 6 davon sind paarweise angeordnet (jeweils eine mediale und laterale Hauptfacette, distal davon die Streckfacetten, proximal die Beugefacetten), eine unpaare, längsgestellte Randfacette liegt medial (odd facet). Alle 3 lateral gelegenen Facetten sind breiter als die entsprechenden medialen.
Die Facetten sind durch Leisten voneinander getrennt. Die mittlere, die beiden Hauptfacetten trennende Leiste, ist sehr individuell gestaltet. Sie kann konkav oder konvex in proximodistaler Richtung sein; bei konvexer Oberfläche dieser Leiste ist ein erhöhter Berührungsdruck zwischen der Patellarückfläche und der Facies patellaris des Femurkondylus nötig, um flächenhaften Kontakt zu haben, woraus sich die Stärke des Knorpelüberzugs der Patella erklärt. Man findet an dieser Kontaktstelle den dicksten hyalinen Knorpel (etwa 5,4–6,4 mm stark). Die proximal der Hauptfacetten gelegenen Beugefacetten sind sehr klein und kommen nur bei maximaler Beugung in Kontakt zu den Femurkondylen; die distal der Hauptfacetten gelegenen Streckfacetten berühren die Femurkondylen nur bei maximaler Extension.
Die in die Sehne des M. quadriceps femoris eingelassene Kniescheibe wirkt als gleitendes Hypomochlion und ist ein integrierender Bestandteil des Streckapparats.

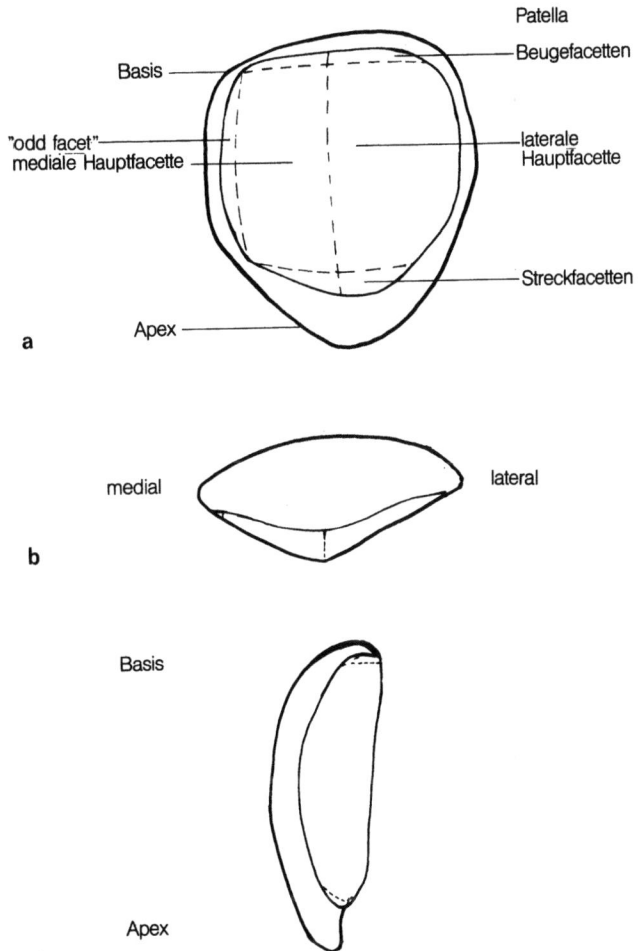

Abb. 6a–c. Rechte Kniescheibe. **a** Ansicht von dorsal auf die Gelenkfacetten, **b** Ansicht auf einen horizontalen Querschnitt, **c** Ansicht von lateral

Fabella

Bei 10–20% der Menschen findet sich ein Sesambein, das in die Ursprungssehne des Caput laterale m. gastrocnemii bzw. in den Kapsel-Band-Apparat der posterolateralen Kniegelenksecke eingelagert ist. Die Lage der Fabella nahe am lateralen Femurkondylus kann Ursache von Schmerzen sein (Fabella dolorosa).

Gelenkknorpel

Die Inkongruenz der walzenförmigen Oberschenkelknorren (Condyli femoris) und des flachen Schienbeinplateaus (Facies articularis superior tibiae) wird durch deren druckelastische Knorpelbeläge und die verschieblichen Menisken verkleinert. Unter axialer Belastung verformt sich der Knorpel und die Kontaktfläche wird größer als am unbelasteten Bein.
Der hochdifferenzierte *hyaline Gelenkknorpel* ist aus Chondrozyten und kollagenen Fibrillen, die in eine hyaline Grundsubstanz eingelagert sind, aufgebaut. Dieses Verbundsystem kann große und wiederholte Druck- und Schubkräfte innerhalb von physiologischen Grenzen schadlos und ohne bleibende Deformierung aufnehmen. Im Querschnitt lassen sich am hyalinen Knorpel 4 Zonen beschreiben (Abb. 7): die Gelenkfläche bildet eine glatte, glänzende Tangentialzone, darunter liegt eine schmale Übergangszone, dann folgen eine mehr als die Hälfte der Knorpeldicke einnehmende perpendikuläre Zone (Druckzone) und als unterste Schicht eine schmale Verkalkungszone, die die Verbindung zum subchondralen Knochen herstellt.
Dieser funktionelle Aufbau des Knorpels hat nicht

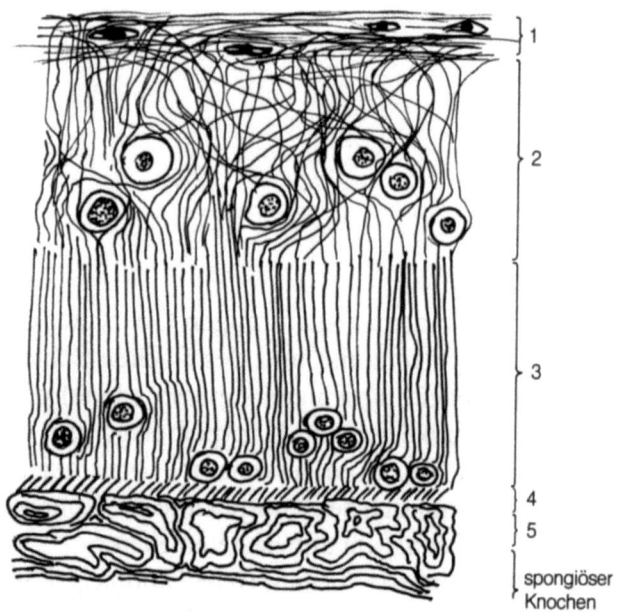

Abb. 7. Schichten des hyalinen Gelenkknorpels. *1* Tangentialzone, *2* Übergangszone, *3* Druckzone, *4* Verkalkungszone, *5* Subchondralzone

nur eine Bedeutung für die Gelenkmechanik im Sinne einer Reduktion der Reibung, sondern er spielt auch eine wichtige Rolle für die Knorpelernährung. Der Gelenkknorpel ist als gefäßloses Gewebe in seiner Ernährung auf die Diffusion angewiesen und bezieht seine Nährstoffe hauptsächlich aus der Synovialflüssigkeit. Die durch die Gelenkbewegung ausgelösten Druck- und Schubkräfte bewirken eine „Durchwalkung" des Knorpels und aktivieren durch wechselnden Druck und Sog die Diffusion. Die Volumenverschiebung bei Kniebeugung von der Streckseite auf die Beugeseite stellt ein Pumpsystem („Synovialpumpe") dar, das den Synovialkreislauf und somit die Schmierung des Gelenks sicherstellt. Die Verteilung der Gelenkflüssigkeit im Hohlraum variiert also in Abhängigkeit von der Position des Gelenks. In Streckstellung werden die Bursae subtendineae mm. gastrocnemiorum durch die Spannung der Köpfe des M. gastrocnemius komprimiert und die Gelenkflüssigkeit bewegt sich nach vorne in die Bursa suprapatellaris und in die Recessus parapatellares. Bei Beugung wird die Bursa suprapatellaris durch die Spannung des M. quadriceps femoris komprimiert und die Gelenkflüssigkeit nach hinten gepreßt.

Normalerweise sind nur wenige Milliliter synovialer Gelenkflüssigkeit vorhanden. Durch die Bewegung wird gesichert, daß die Gelenkflächen konstant durch frische Synovialflüssigkeit befeuchtet werden und dadurch eine ausreichende Ernährung und Schmierung der Gelenkoberflächen gegeben ist.

Ein primärer oder sekundärer posttraumatischer Knorpelschaden kann folgende Ursachen haben:
– mechanische Schädigung des Gelenkknorpels oder
– Stoffwechselstörungen des Knorpelgewebes.

Die mechanische Schädigung des Gelenkknorpels kann durch ein direktes Trauma, bei dem es zu Zerstörungen der Knorpelfeinstruktur gekommen ist, verursacht sein. Durch dieses Trauma können die Knorpelzellen und der Faseraufbau mechanisch zerstört werden, wodurch es zum Verlust der Elastizität des Knorpels kommt. Der mechanische Schaden des Knorpels kann sich in Form von feinen Rissen, einer Fraktur, schweren Knorpelquetschungen oder Knorpeldefekten darstellen. Auch andere, nichtknorpelige Kniebinnenläsionen (z. B. Meniskus-

läsion) können bei längerem Bestehen zu sekundären Knorpelschäden führen. Extraartikuläre Verletzungen mit verbleibenden statischen und dynamischen Fehlbeanspruchungen des Gelenks führen ebenfalls zu Knorpelschädigungen. Bei Kapsel-Band-Läsionen des Kniegelenks mit chronischer Instabilität treten pathologische Druckwerte auf und es erfolgt eine ungünstige Scherbeanspruchung des Knorpels; ausgelöst wird dies v. a. durch die gestörte Biomechanik des Gelenks.
Stoffwechselstörungen des Knorpelgewebes können durch Funktionsstörungen der Zellen der Membrana synovialis, die für die Produktion der Synovialflüssigkeit mit Hilfe des Kapillarkreislaufs der Gelenkkapsel verantwortlich sind, verursacht werden. Gleichzeitig mit den Nährsubstanzen wird von der Membrana synovialis, die für die Produktion der Synovialflüssigkeit mit Hilfe des Kapillarkeislaufs der Gelenkkapsel verantwortlich sind, verursacht werden. Gleichzeitig mit den Nährsubstanzen wird von der Membrana synovialis die für die Gelenkschmierung wichtige Hyaluronsäure in den Gelenkinnenraum abgegeben. Posttraumatisch oder durch Erkrankungen der Gelenkkapsel kann es zu Störungen dieser Stoffwechselvorgänge kommen.
Bei Verletzungen des Gelenkknorpels kommt es auch zur Verletzung und Zerstörung der Knorpelzellen, wodurch Enzyme frei werden, die den Knorpel schädigen, was zur Nekrose des Gelenkknorpels führen kann.

Muskulatur

Die Muskel-Sehnen-Einheiten können in 2 synergistische Gruppen geteilt werden: die des M. quadriceps femoris und die der Kniebeugemuskeln.

Streckmuskulatur

Der *M. quadriceps femoris,* der Streckmuskel des Kniegelenks, ist 3mal so stark wie die Summe der Kniebeugemuskeln. Die *Mm. vastus intermedius, vastus lateralis, vastus medialis* und *vastus medialis obliquus* sind monoartikuläre Muskeln, der *M. rectus femoris* ist hingegen biartikulär; bei gestreckter und besonders bei überstreckter Hüfte wird der M. rectus femoris gespannt und hat eine stärkere Wirkung auf das Kniegelenk (dies ist beim Gehen und Laufen von Bedeutung).

Der M. quadriceps femoris ist verantwortlich für die Streckung des Kniegelenks und die Dezeleration der Vorwärtsbewegung des distalen Femurs am Schienbeinkopf.

Beugemuskulatur

Die Kniebeugung wird durch die *Mm. sartorius, gracilis, semitendinosus, semimembranosus, biceps femoris, popliteus* und die *beiden Köpfe des M. gastrocnemius* gewährleistet; gleichzeitig stabilisieren diese Muskeln gegen die Rotation. Der kurze Kopf des M. biceps femoris und der M. popliteus sind monoartikulär, alle anderen Kniebeuger sind biartikuläre Muskeln und wirken mit Ausnahme des M. gastrocnemius, der das obere Sprunggelenk plantarflektiert, auch als Streckmuskeln für das Hüftgelenk.
Die Wirkung der biartikulären Muskeln auf das Kniegelenk hängt von der Stellung der Hüfte ab. Der M. sartorius ist ein Beuger, Abduktor und Außenrotator für die Hüfte, auf das Kniegelenk wirkt er als Beuger und Innenrotator. Der M. gracilis ist vorwiegend Adduktor und Beuger für das Hüftgelenk, im Kniegelenk beugt er und rotiert den Unterschenkel nach innen.
Werden die biartikulären Muskeln durch die Hüftbeugung gedehnt, so ist ihre Wirkung als Kniebeuger erhöht; beim überstreckten Hüftgelenk sind die Muskeln des Pes anserinus entspannt und ihre Wirkung als Kniebeuger ist geringer.

Rotationsmuskeln

Die Kniebeuger wirken auch als Rotatoren des Kniegelenks und man unterscheidet zwischen Außen- und Innenrotatoren.

Außenrotatoren sind der M. biceps femoris und der M. tensor fasciae latae; letzterer ist nur bei gebeugtem Kniegelenk ein Außenrotator und Kniebeuger, bei gestrecktem Knie wirkt er als Strecker (er hilft, das Kniegelenk in Streckstellung zu fixieren). Der kurze Kopf des M. biceps femoris ist ein monoartikulärer Außenrotator, die Position der Hüfte hat somit keinen Einfluß auf seine Wirkung.

Die Mm. sartorius, gracilis, semitendinosus, semimembranosus und popliteus sind für die Innenrotation des Unterschenkels bei gebeugtem Kniegelenk verantwortlich. Die Gesamtkraft dieser Innenrotatoren ist geringfügig größer als jene der Außenrotatoren. Die Muskeln des Kniegelenks dienen nicht nur der aktiven Bewegung, sondern wirken auch passiven Kräften entgegen und können das Kniegelenk in unterschiedlichen Positionen halten (dynamische Sicherung der Stabilität des Gelenks). Für all diese Funktionen ist das Zusammenwirken zwischen den Muskeln und dem Kapsel-Band-Apparat erforderlich; besonders deutlich wird dieses Zusammenwirken beim M. quadriceps femoris, der der dynamische Partner des hinteren Kreuzbands ist und gemeinsam mit diesem dem Ventralgleiten der Femurkondylen am Schienbeinplateau entgegenwirkt.

Kapsel-Band-Strukturen

Aus funktioneller Sicht kann man die Kapsel-Band-Strukturen und die das Kniegelenk umspannenden Muskeln und Sehnen in 4 Komplexe einteilen:
- medialer Komplex,
- lateraler Komplex,
- vordere Strukturen,
- hintere Strukturen.

Medialer Komplex

Die statischen Strukturen sind:
- mediales Retinakulum,
- tibiales Seitenband,
- mediales Kapselband,
- hinteres Schrägband,
- mediale Hälfte der dorsalen Kapsel,
- medialer Meniskus,
- vorderes und hinteres Kreuzband,
- knöcherne Konturen des medialen Femurkondylus und des Schienbeinplateaus;

dynamisch sichernd wirken:
- M. vastus medialis,
- M. vastus medialis obliquus,
- Muskeln des Pes anserinus:
    M. sartorius
    M. gracilis
    M. semitendinosus
- M. semimembranosus,
- medialer Kopf des M. gastrocnemius.

Obwohl nicht alle diese Strukturen direkt an der medialen Seite des Gelenks liegen, tragen sie doch zur medialen Stabilität bei (Abb. 8 u. 9a, b).

Wir unterscheiden 3 Segmente des medialen Komplexes (Abb. 9 b):

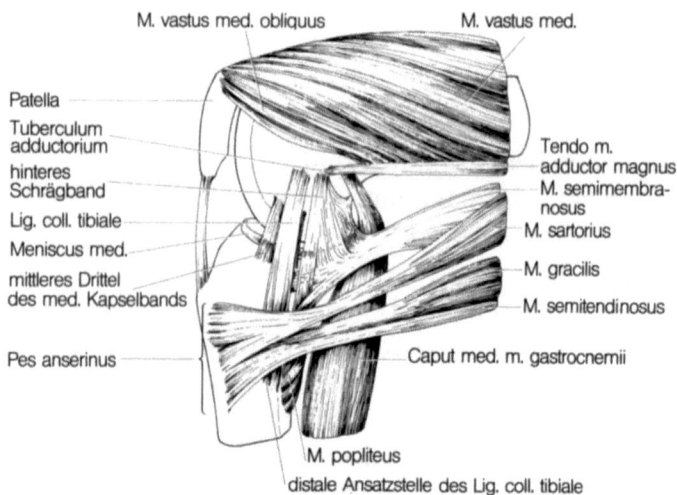

Abb. 8. Rechtes Kniegelenk. Ansicht von medial

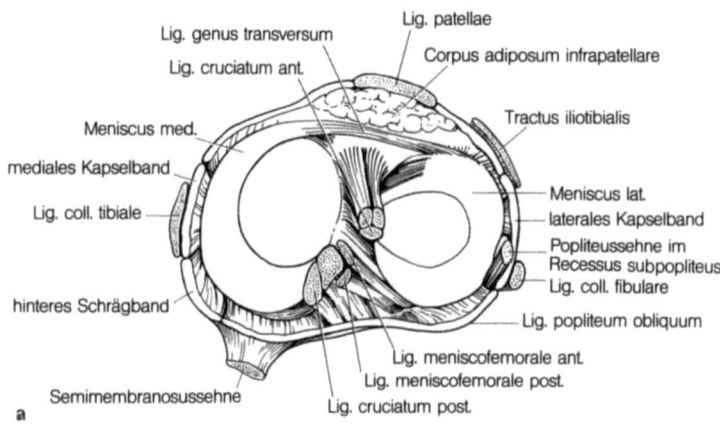

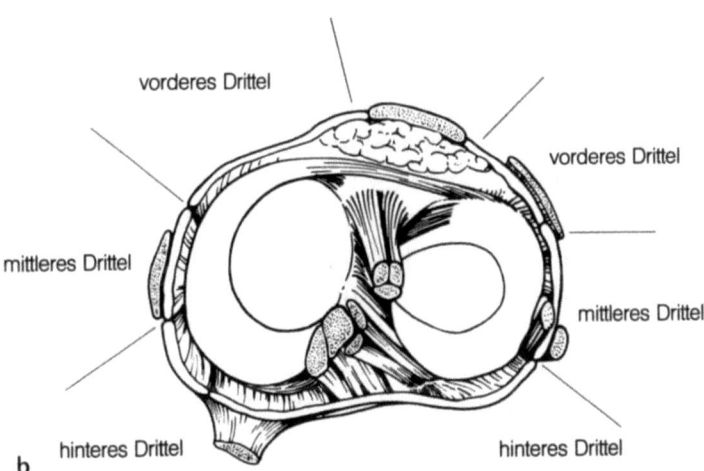

Abb. 9 a, b. Horizontalschnitt durch ein rechtes Kniegelenk, 1 cm oberhalb der Meniskusebene (die Oberschenkelknorren sind entfernt). **a** Kapsel-Band-Apparat und Kapselbandstümpfe erhaben dargestellt, **b** Drittelung des medialen und des lateralen Kompartments

- Das vordere Drittel, vom Patellasehnenrand bis zur Vorderkante des tibialen Seitenbands, umfaßt das mediale Retinakulum mit seinen Verstärkungen, dem Lig. patellofemorale mediale und dem Lig. patellotibiale mediale, sowie das darunterliegende Kapselband.
- Das mittlere Drittel besteht aus dem tibialen Seitenband und dem darunterliegenden medialen Kapselband, welches in diesem Abschnitt kräftig ausgebildet ist.
- Das hintere Drittel, das sich von der Hinterkante des tibialen Seitenbands nach dorsal erstreckt und an die mediale Hälfte der dorsalen Kapsel angrenzt; das hintere Drittel des medialen Kapselbands wird durch das hintere Schrägband verstärkt. Die dorsale Kapsel bildet eine Schlinge um den medialen Femurkondylus, die Kondylenkappe.

Beim *medialen Retinakulum (Retinaculum patellae mediale)* unterscheiden wir eine oberflächliche, longitudinal verlaufende und eine tiefer liegende, transversal verlaufende Faserschicht:

- Das Retinaculum longitudinale mediale ist der distale Ausläufer der Aponeurose des M. vastus medialis obliquus. Die Aponeurose setzt, wie der Muskel, am medialen Rand der Patella sowie am Lig. patellae und direkt an der Tibia an und strahlt in den Pes anserinus ein.
- Das Retinaculum transversale mediale wird gebildet aus dem Lig. patellofemorale mediale, welches zum Epicondylus medialis femoris und zum Tuberculum adductorium zieht, und aus dem Lig. patello-

tibiale mediale, welches zur Vorderfläche des medialen Tibiakondylus zieht und Fasern zum medialen Meniskusvorderhorn abgibt (Abb. 10).
Das mediale Retinakulum bedeckt das vordere Drittel des medialen Kapselbands und ist mit diesem verwachsen; die Kontraktion der *Mm. vastus medialis* und *vastus medialis obliquus* spannt den vorderen Anteil des medialen Kapselbands und zieht den medialen Meniskus bei Streckung nach vorne. Neben der unterstützenden Funktion bei der Kniestreckung („Reservestreckapparat") dient das mediale Retinakulum v. a. der medialen Verankerung der Patella.
Das *tibiale Seitenband (Lig. collaterale tibiale)* (Abb. 8, 9a, 11) hat seinen proximalen Ansatz in einem längs-

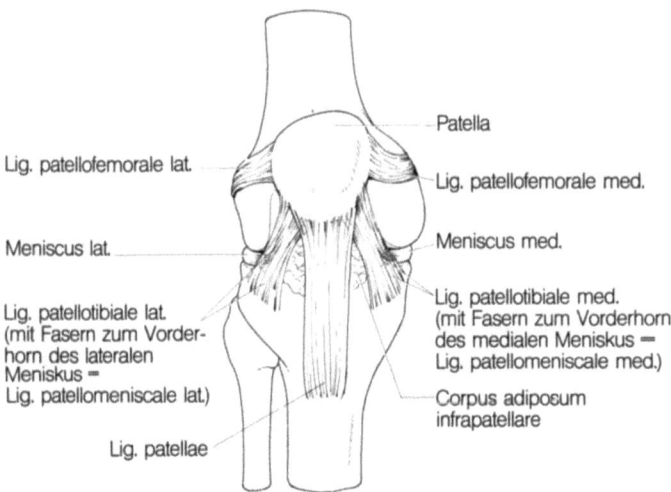

Abb. 10. Rechtes Kniegelenk. Ansicht von ventral: Retinacula patellae ohne oberflächliche, longitudinale Faserschicht

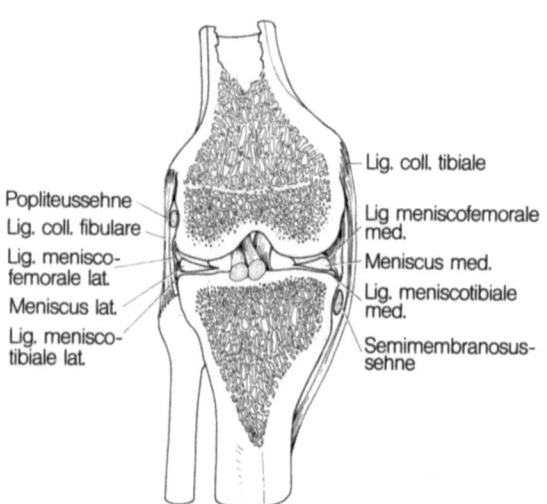

Abb. 11. Rechtes Kniegelenk. Frontalschnitt durch das Kniegelenk auf Höhe der Seitenbänder, 2 Bündel des vorderen Kreuzbands angeschnitten, dahinter das hintere Kreuzband

ovalen Areal am Epicondylus medialis femoris, zieht weit nach distal über das Gelenk und inseriert ventral des Margo medialis tibiae an der Facies medialis der Tibia. In Streckstellung des Kniegelenks verläuft das Lig. collaterale tibiale von cranial-dorsal nach caudal-ventral in einem Winkel von 15–20° zur Achse der Tibia.

Das tibiale Seitenband besteht aus langen, kräftigen Fasern, welche von der Fascia lata, die sich in die Fascia cruris fortsetzt, bedeckt sind; bei Beugung gleitet es etwas nach hinten, bei Streckung nach vorne.

Unter dem tibialen Seitenband liegt das mittlere Drittel des *medialen Kapselbands* (Abb. 8, 9 a u. b, 11). Zwischen diesem und dem tibialen Seitenband befindet sich die Bursa lig. collateralis tibialis. Beim Kapselband wird ein meniskofemoraler und ein meniskotibialer Anteil unterschieden. Das mediale Kapselband ist in allen Segmenten fest mit dem Meniskus verwachsen.

Das tibiale Seitenband und das mediale Kapselband sind wichtige statische Stabilisatoren der medialen Seite und wirken gegen Valgus- und Außenrotationskräfte.

Am Tuberculum adductorium entspringt das *hintere Schrägband („posterior oblique ligament",* Hughston 1973) (Abb. 12); es schließt unmittelbar an die dorsale Begrenzung des tibialen Seitenbands an. Neben dem Hauptzug zur posteromedialen Fläche des medialen Schienbeinkondylus strahlt es in die Sehnenscheide des M. semimembranosus und in die dorsale Kapsel ein. Es stellt eine wichtige Verstärkung des Kapselbands im hinteren Drittel dar und steht in enger Beziehung zu den sehnigen Ausläufern des M. semimembranosus. In Streckstellung ist es straff entfaltet, in Beugestellung wird es durch den M. semimembranosus gespannt.

Das hintere Schrägband verhindert Außenrotation und Valgus, aber auch eine hintere Schublade und Innenrotation.

Der *M. vastus medialis* (Abb. 13), der mediale Kopf des M. quadriceps femoris, wird von steil nach distal ziehenden Muskelfasern gebildet, die mittels der Sehne des M. quadriceps femoris an der Patella (und über das Retinaculum patellae mediale am medialen Tibiakondylus) ansetzen.

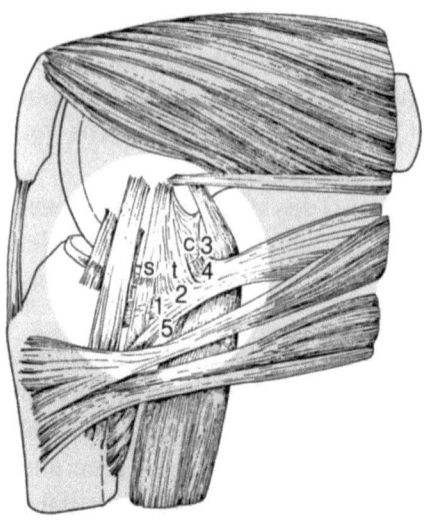

Abb. 12. Rechtes Kniegelenk. Ansicht von medial: Semimembranosussehnenansätze: *1* zur Medialseite des medialen Tibiakondylus, *2* zur Dorsalseite des medialen Tibiakondylus, *3* Lig. popliteum obliquum, *4* zur dorsalen Kapsel, zum hinteren Schrägband und medialen Meniskus, *5* zur Aponeurose des M. popliteus, zum Periost der Facies posterior und Margo medialis tibiae. *Hinteres Schrägband: s* superfizialer Arm: bildet die Sehnenscheide des ersten Arms der Semimembranosussehne; *t* tibialer Arm: zieht zur Dorsalseite des medialen Tibiakondylus (wird in Beugestellung vom Semimembranosusarm *4* gespannt); *c* kapsulärer Arm: strahlt in die dorsale Kapsel ein

An den M. vastus medialis schließen schrägverlaufende Muskelfasern (in Streckstellung im 60°-Winkel verlaufend) an, der *M. vastus medialis obliquus,* der von der Sehne des M. adductor magnus entspringt, am medialen Rand der Patella ansetzt und in das Retina-

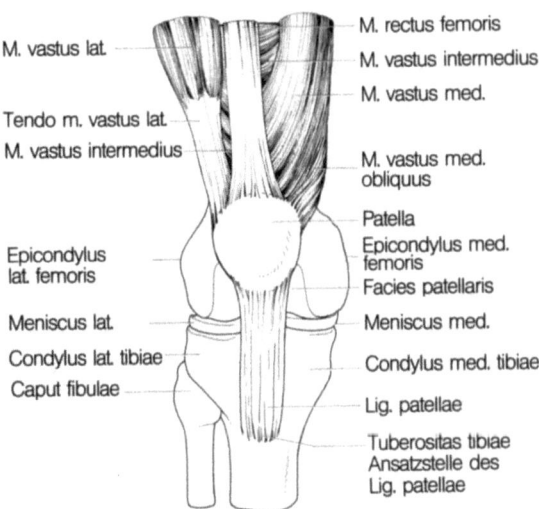

Abb. 13. Rechtes Kniegelenk. Ansicht von ventral: M. quadriceps femoris; Retinacula patellae entfernt

culum mediale einstrahlt. Bei Kontraktion wird die Patella nach medial gezogen und gemeinsam mit dem M. vastus medialis werden das Retinaculum mediale sowie das vordere Drittel des medialen Kapselbands tonisiert und das Kniegelenk gestreckt. Der M. vastus medialis obliquus unterstützt die mediale Stabilität und wirkt gegen Außenrotationskräfte.

Die Sehnen der *Mm. sartorius, gracilis und semitendinosus* bilden einen gemeinsamen mehrschichtigen Ansatz, den *Pes anserinus* (Abb. 8), der an der medialen Tibiafläche distal der Tuberositas tibiae, knapp vor dem tibialen Ansatz des tibialen Seitenbands, liegt. Unter dem Pes anserinus befindet sich die Bursa anserina, die diesen vom tibialen Ansatz des Seiten-

bands trennt; auch zwischen den einzelnen Sehnenansätzen des Pes anserinus finden sich Schleimbeutel.
Durch den Ansatz des Pes anserinus sind die oben angeführten Muskeln Kniebeuger, bei Beugung auch Innenrotatoren, und arbeiten allen Valgus- und Außenrotationskräften, die auf das Kniegelenk treffen, dynamisch entgegen.
Der *M. semimembranosus* (Abb. 12, 14) ist der primäre dynamische Stabilisator der posteromedialen Gelenkecke und der dorsalen Kapsel. Sein Ansatz teilt sich in 5 Züge:

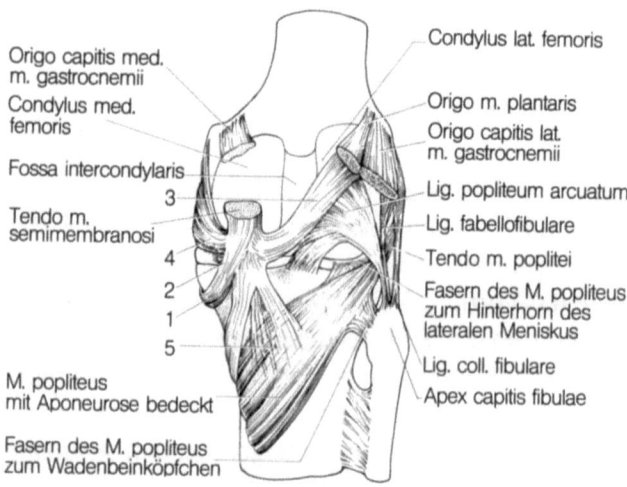

Abb. 14. Rechtes Kniegelenk. Ansicht von dorsal: Ansätze des M. semimembranosus: *1* zur Medialseite des medialen Tibiakondylus, *2* zur Dorsalseite des medialen Tibiakondylus, *3* Lig. popliteum obliquum, *4* zur dorsalen Kapsel, zum hinteren Schrägband und medialen Meniskus, *5* zur Aponeurose des M. popliteus, zum Periost der Facies posterior und zum Margo medialis tibiae

- Der 1. Arm, die eigentliche Sehne, inseriert medialproximal an der Tibia; er liegt unter dem tibialen Seitenband und distal unter dem medialen Kapselbandansatz.
- Der 2. Arm setzt direkt von dorsal her, knapp unter dem Gelenkspalt, an der Dorsalseite des medialen Tibiakondylus an.
- Der 3. Arm zieht nach lateral und formt das Lig. popliteum obliquum, das zum lateralen Femurkondylus, nahe dem Ansatz des M. plantaris und dem Caput laterale m. gastrocnemii, ansteigt; der 3., wie auch die beiden folgenden Arme, werden z. T. aus der Sehnenscheide des M. semimembranosus gebildet.
- Der 4. Arm setzt an der hinteren Kapsel und am Hinterhorn des medialen Meniskus an, bei Beugung zieht er den Meniskus nach hinten (dieser Arm steht in enger Verbindung zum hinteren Schrägband).
- Der 5. Arm strahlt in die Aponeurose des M. popliteus und das Periost an der Facies posterior und am Margo medialis der Tibia ein.

Der M. semimembranosus ist ein Beuger und Innenrotator. Er zieht bei Beugung den medialen Meniskus nach dorsal, entlastet so dessen Passivbewegung und verhindert die Einklemmung des Meniskushinterhorns, wobei er das hintere Schrägband und die dorsale Kapsel (Lig. popliteum obliquum) spannt. Über das Lig. popliteum obliquum wirkt er als wichtiger Stabilisator des dorsalen Gelenkabschnitts.

Der M. semimembranosus wirkt synergistisch mit

dem vorderen Kreuzband. Der Kapselarm des Muskels, das hintere Schrägband und der mediale Meniskus bilden eine funktionelle Einheit.

Lateraler Komplex

Die statischen Stabilisatoren sind:
- laterales Retinakulum,
- Lig. femorotibiale anterius laterale (distaler Teil des Tractus iliotibialis),
- fibulares Seitenband,
- laterales Kapselband,
- laterale Hälfte der dorsalen Kapsel,
- Lig. popliteum arcuatum,
- lateraler Meniskus,
- beide Kreuzbänder;

dynamisch stabilisierend wirken:
- M. biceps femoris,
- M. popliteus,
- lateraler Kopf des M. gastrocnemius,
- M. vastus lateralis,
- Tractus iliotibialis.

Unter dem Begriff *„Arcuatumkomplex"* werden das Lig. popliteum arcuatum, die Sehne des M. popliteus, das fibulare Seitenband und das hintere Drittel des lateralen Kapselbands zusammengefaßt.

Die Oberschenkelfaszie, die Fascia lata, ist an der lateralen Seite des Oberschenkels besonders verstärkt. Hier unterscheidet man zum Septum intermusculare laterale hin einen besonders starken Streifen, den Tractus iliotibialis, und das nach ventral hin etwas schwächere iliotibiale Band. Der *Tractus iliotibialis* setzt an der Tuberositas tractus iliotibialis (Tuberculum Gerdy) und über das laterale Retinakulum am lateralen Patellarand und an der Fascia cruris an. Neben statischen Funktionen hat der Tractus iliotibialis auch dynamische Funktionen über den M. tensor fasciae latae, den M. glutaeus maximus und über den M. vastus lateralis zu erfüllen. Suprakondylär ist der Tractus iliotibialis durch kräftige Fasern an der Linea aspera und am Septum intermusculare laterale fixiert; besonders proximal des Epicondylus lateralis femoris bildet er mit dem Septum intermusculare laterale eine scherengitterartige Bandstruktur (Kaplan-Fasern) (Abb. 15 u. 16). Vom suprakondylären Verankerungspunkt zieht das Lig. femorotibiale anterius laterale zum Tuberculum Gerdy weiter. Der Tractus iliotibialis gibt Fasern zum lateralen Kapselband ab, nach vorne ist er breitflächig mit der Aponeurose des M. vastus lateralis und mit dem lateralen Retinakulum, nach hinten mit dem M. biceps femoris verbunden.

Bei Beugung und Streckung ist ein Gleiten des Tractus iliotibialis nach dorsal und ventral möglich; er ist dabei in jeder Stellung gespannt, besonders stark jedoch bei einem Beugewinkel von etwa 10–30°.

Der Tractus iliotibialis wirkt dynamisch als Strecker und Beuger des Kniegelenks und als Außenrotator der Tibia. Er spannt das laterale Kapselband, unterstützt die laterale vordere Stabilität und wirkt der Innenrotation entgegen.

Das *fibulare Seitenband (**Lig. collaterale fibulare**)* (Abb. 15, 16, 17) zieht vom Epicondylus femoris late-

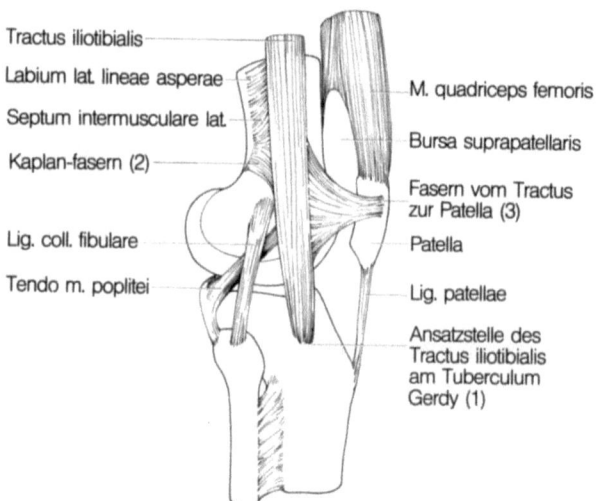

Abb. 15. Rechtes Kniegelenk. Ansicht von lateral: Ansätze des Tractus iliotibialis: *1* Tuberculum tractus iliotibialis (Tuberculum Gerdy), *2* Kaplan-Fasern (oberhalb des Epicondylus lateralis femoris am Labium laterale lineae asperae), *3* Fasern zum Lateralrand der Kniescheibe

ralis zum Wadenbeinköpfchen. Der Epicondylus femoris lateralis liegt mehr ventral und proximal als der mediale Epikondylus. Der Ansatz des fibularen Seitenbands am Wadenbeinköpfchen ist ventral und lateral des Apex fibulae. Am gestreckten Kniegelenk verläuft das fibulare Seitenband schräg von ventralcranial nach dorsal-caudal. Die Länge beträgt etwa $1/3$ des tibialen Seitenbands. Das fibulare Seitenband ist in Streckstellung des Kniegelenks ein wichtiger Stabilisator; bei Beugung erschlafft es etwas und ermöglicht so Drehbewegungen geringen Ausmaßes. Vom

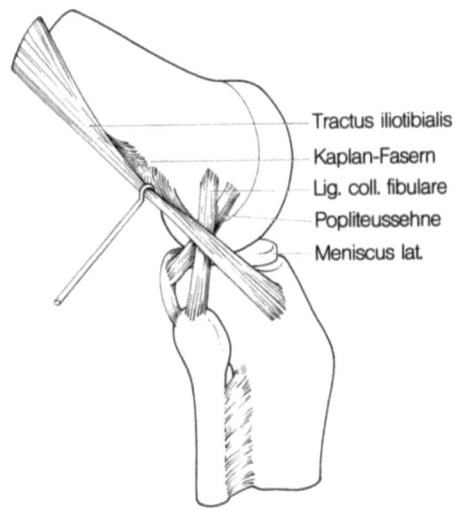

Abb. 16. Rechtes Kniegelenk. Ansicht von lateral: Der Tractus iliotibialis wird mit einem Häkchen an seinem Oberrand nach lateral gespannt und die Kaplan-Fasern werden dadurch sichtbar

M. biceps femoris wird es bei Beugung nach dorsal gespannt. Gemeinsam mit dem Tractus iliotibialis, der Sehne des M. popliteus, den Verzweigungen der Sehne des M. biceps femoris, dem Lig. popliteum arcuatum und dem lateralen Kapselband verhindert es eine Varusinstabilität.

Das *laterale Kapselband* (Abb. 17) ist wie das mediale mit der Meniskusbasis eng verwachsen; die beiden Strukturen werden nur im Bereich der Sehne des M. popliteus durch den Recessus subpopliteus getrennt. Auch beim lateralen Kapselband wird ein meniskofemoraler und ein meniskotibialer Teil unterschieden; Fasern vom Tractus iliotibialis verstärken

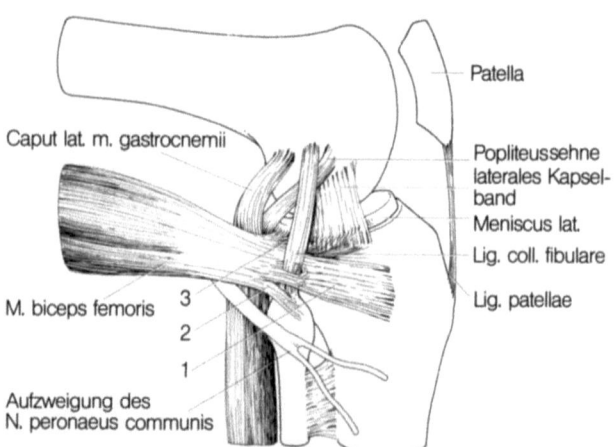

Abb. 17. Ansicht von lateral: Ansätze der Bizepssehne: *1* oberflächliche Schicht: in die Fascia cruris einstrahlend (Einstrahlungen in den Tractus iliotibialis nicht dargestellt), *2* mittlere Schicht: Ansatz am Wadenbeinköpfchen, schlingenförmige Umfassung des Lig. collaterale fibulare, *3* tiefe Schicht: zum Tuberculum Gerdy und Kapsel-Band-Apparat; Einstrahlungen in den Meniskus

und spannen das laterale Kapselband. Auch lateral werden 3 Segmente unterschieden, und zwar ein vorderes, mittleres und hinteres Drittel (Abb. 9b, S. 21). Der *M. biceps femoris* ist ein dynamischer Stabilisator. Die gemeinsame Sehne des M. biceps femoris setzt in 3 Schichten an (Abb. 17):

- in einer oberflächlichen, die lateral des fibularen Seitenbands liegt,
- in einer mittleren, welche das Seitenband umfaßt, und
- in einer tiefen, die medial des Seitenbands liegt.

Die oberflächliche Schicht hat mehrere Ausstrahlungen: nach ventral-distal zur Fascia cruris in Richtung Tuberculum Gerdy, nach ventral-cranial in den Tractus iliotibialis, nach distal in die Faszien der Peronaeusmuskeln, und nach dorsal in die Faszie der Wadenmuskulatur.

Die mittlere Schicht gabelt sich und umfaßt schlingenförmig das fibulare Seitenband, mit dem sie gemeinsam am Wadenbeinköpfchen ansetzt; einzelne Fasern strahlen von dorsal in das Seitenband ein. Der Seitenbandansatz ist von den Fasern des M. biceps femoris durch die Bursa m. bicipitis femoris inferior getrennt.

Die tiefe Schicht der gemeinsamen Sehne des M. biceps femoris teilt sich, setzt medial an der Wadenbeinköpfchenspitze sowie am Tuberculum Gerdy an. Einzelne Fasern verlaufen knapp oberhalb des proximalen tibiofibularen Gelenks, setzen lateral am Kapselband an und straffen dieses; darüber hinaus strahlen Fasern auch in das Lig. popliteum arcuatum und direkt von dorsal zum lateralen Schienbeinkopf.

Der M. biceps femoris ist in erster Linie Kniebeuger und Außenrotator der Tibia; er arbeitet synergistisch mit dem vorderen Kreuzband. Außerdem spannt er die dorsale Kapsel, das fibulare Seiten- und das laterale Kapselband sowie den Tractus iliotibialis und die Faszien des Unterschenkels.

Der *M. popliteus* (Abb. 14, 15, 16, 17, 18) entspringt sehnig distal-ventral der Ansatzstelle des fibularen Seitenbands am Epicondylus lateralis femoris und zieht schräg nach distal-dorsal unterhalb des fibularen Seiten- und des lateralen Kapselbands durch den Re-

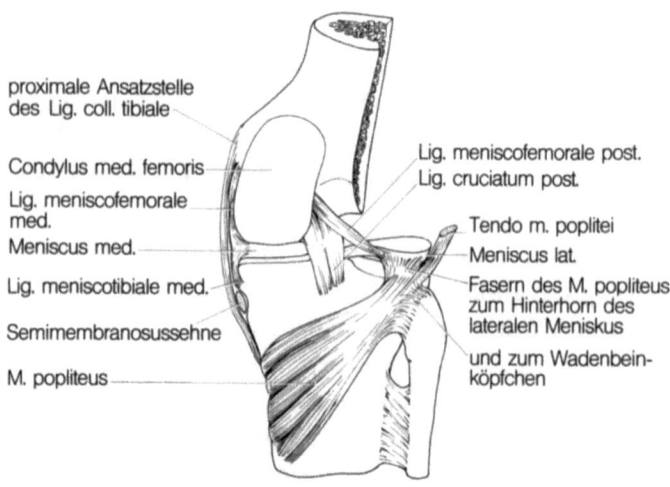

Abb. 18. Rechtes Kniegelenk. Ansicht von dorsal: lateraler Femurkondylus nach Osteotomie in der Sagittalebene entfernt

cessus subpoliteus an die Dorsalseite des Kniegelenks. Er setzt sehnig am Lig. popliteum arcuatum und am Hinterhorn des lateralen Meniskus, fleischig an der Hinterfläche der Tibia, proximal der Linea m. solei und dorsal des Margo medialis tibiae, an. Über das Lig. popliteum arcuatum hat der M. popliteus Verbindung zum Wadenbeinköpfchen.

Der M. popliteus rotiert die Tibia nach innen, bei fixiertem Unterschenkel das Femur nach außen. Er verhindert synergistisch mit dem hinteren Kreuzband ein Ventralgleiten des Femurs auf der Tibia während der Kniebeugung; er tonisiert das Lig. popliteum arcuatum und zieht den lateralen Meniskus bei Beugung nach dorsal. Seine Wirkung als Beuger des Kniegelenks ist gering.

Der *M. vastus lateralis* (Abb. 13) setzt mit einer Sehne an der Patella an; über seine Faszie und das laterale Retinakulum steht er mit dem Tractus iliotibialis in Verbindung, hilft diesen zu spannen, wenn das Kniegelenk gestreckt ist, und zieht ihn nach vorne.
Der M. vastus lateralis wirkt als Strecker des Kniegelenks und trägt zur lateralen Stabilität bei.

Vordere Strukturen

Die Strukturen an der Vorderseite sind:
- M. quadriceps femoris (der sich zusammensetzt aus
  - M. rectus femoris,
  - M. vastus medialis,
  - M. vastus medialis obliquus,
  - M. vastus intermedius,
  - M. vastus lateralis,
  - M. articularis genus)
- Sehne des M. quadriceps femoris,
- Patella,
- Lig. patellae,
- infrapatellarer Fettkörper,
- mediales Retinakulum mit seinen schräg und quer verlaufenden Fasern (Lig. patellofemorale mediale und Lig. patellotibiale mediale),
- laterales Retinakulum mit seinen schrägverlaufenden Fasern (Einstrahlungen aus dem iliotibialen Band) und seinen quer verlaufenden Fasern (Lig. patellofemorale laterale und Lig. patellotibiale laterale) (Abb. 10, 12, S. 23 u. 26).

Streckapparat

Dem Streckapparat kommt besondere Bedeutung für den aufrechten Gang und Stand des Menschen zu.
Die Kniescheibe hat nicht nur die Funktion eines Sesambeins in der Sehne des M. quadriceps femoris, sie ist auch integrierender Bestandteil des Kniestreckapparats und bildet gemeinsam mit der Vorderfläche des Femurkondylenmassivs ein Gelenk (Articulatio femoropatellaris). Die Patella trägt zur Erhöhung des Streckmoments des M. quadriceps femoris bei. Die Kräfte, die von der Kniescheibe auf die Facies patellaris des Femurs übertragen werden, verstärken sich bei zunehmender Kniebeugung.
Die ungestörte Funktion des Femoropatellargelenks hängt von der adäquaten seitlichen Stabilisierung der Kniescheibe ab; diese wird sowohl durch aktive als auch durch passive Elemente gewährleistet:
– Als passive Stabilisatoren wirken die knöcherne Kontur des Sulcus patellaris der Facies patellaris femoris sowie der weiter nach ventral vorspringende Condylus lateralis femoris. Sie verhindern gemeinsam mit der keilförmigen Facies articularis der Patella eine Luxation der Kniescheibe nach lateral (Abb. 5, 6, S. 6 u. 9). Die Kniescheibe wird nach proximal durch die Sehne des M. quadriceps femoris, nach distal durch das Lig. patellae fixiert. Die zusätzlichen, passiven ligamentären Stabilisatoren bestehen aus Verdickungen der Gelenkkapsel bzw. der Retinakula: beidseits findet sich ein *Lig. patellofemorale,* wobei dem medialen Ligament besondere

Bedeutung zukommt, da es die Lateralverschiebung der Kniescheibe verhindert (Abb. 19).

Das Lig. patellofemorale laterale ist ein Teil des lateralen Retinakulums, welches aus 2 Schichten aufgebaut ist: Die oberflächliche Schicht ist eine schräge Faserschicht, die tieferliegende Schicht zeigt ausgeprägte querverlaufende Fasern (diese sind Ausläufer der Retinakula des M. vastus lateralis und des Tractus iliotibialis (Abb. 20, 21).

Eine zweite Bandgruppe, die *Ligg. patellotibialia mediale* und *laterale* stabilisieren ebenfalls die Kniescheibe gegen seitliche Verschiebung. Diese

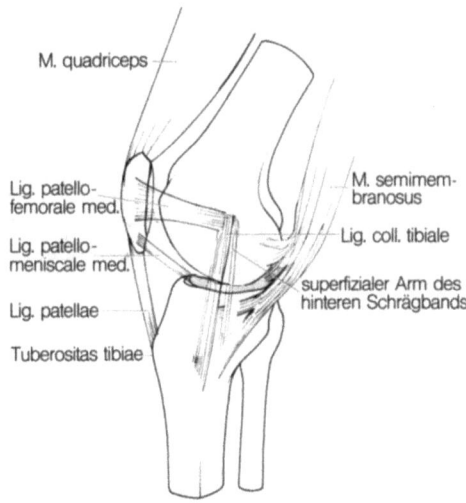

Abb. 19. Rechtes Kniegelenk. Ansicht von medial: dynamische Zügelung des Vorderhorns des medialen Meniskus durch das Lig. patellomeniscale mediale bei Streckung und die Einstrahlungen des M. semimembranosus in das Hinterhorn bei Beugung

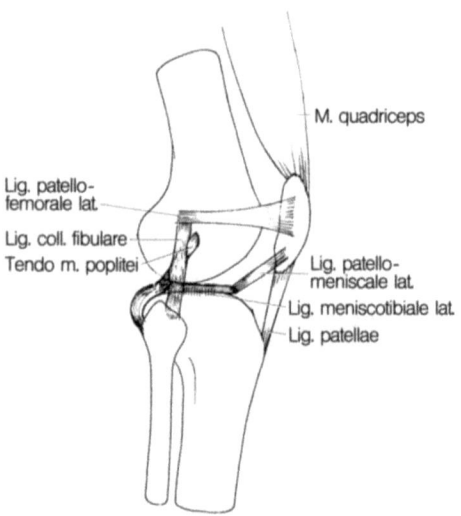

Abb. 20. Rechtes Kniegelenk. Ansicht von lateral: dynamische Zügelung des Vorderhorns des medialen Meniskus durch das Lig. patellomeniscale laterale bei Streckung und die Einstrahlungen des M. popliteus in das Hinterhorn bei Beugung

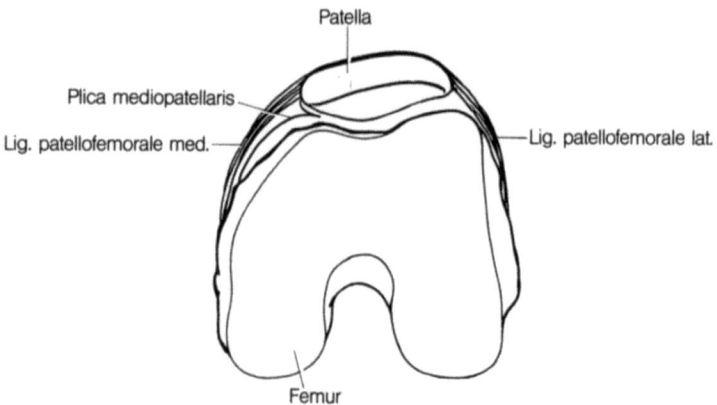

Abb. 21. Ansicht von distal auf das Femoropatellargelenk

zusätzlichen Bänder können unterschiedlich stark ausgeprägt sein.
- Als dynamische seitliche Stabilisatoren des Streckapparats wirken der M. vastus medialis obliquus, die Adduktoren des Oberschenkels über die Lamina vastoadductoria und die Muskeln der Pes-anserinus-Gruppe. Die Muskeln des Pes anserinus stabilisieren durch Innenrotation des Unterschenkels, wobei eine Verringerung des Valguswinkels „Q" eintritt. Der *Winkel „Q"* ist der Winkel zwischen der Geraden durch die Kniescheibenmitte zur Spina iliaca anterior inferior und der Geraden von der Kniescheibenmitte zur Tuberositas tibiae. Dieser Valguswinkel des Streckapparats ist bis zu etwa 15° physiologisch und dient der Verminderung der Belastung der lateralen Kapsel-Band-Strukturen beim Gehen und Laufen. Der Winkel verändert sich bei unterschiedlicher Beugestellung des Kniegelenks und auch bei den unterschiedlichen Rotationsstellungen des Unterschenkels (Abb. 22–23).

Der M. vastus medialis obliquus ist der aktive Hauptstabilisator der Kniescheibe. Die Fasern dieses Muskels setzen im Bereich des proximalen Drittels am medialen Rand der Kniescheibe an. Durch die Lamina vastoadductoria werden die Adduktorenmuskeln mit dem M. vastus medialis obliquus verbunden. Der nach medial gerichtete Zug dieser Muskeleinheit ist stärker als ihre Streckkraft auf das Kniegelenk.

Die Muskeln des Pes anserinus rotieren den Unterschenkel nach innen, wodurch die Tuberositas ti-

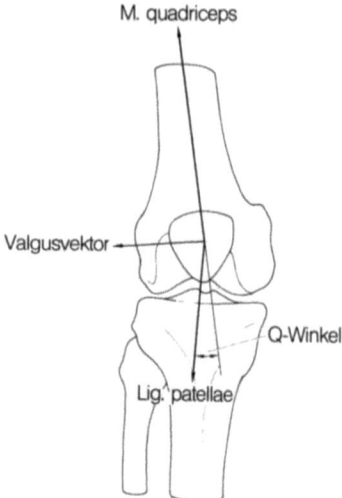

Abb. 22. Der Winkel Q

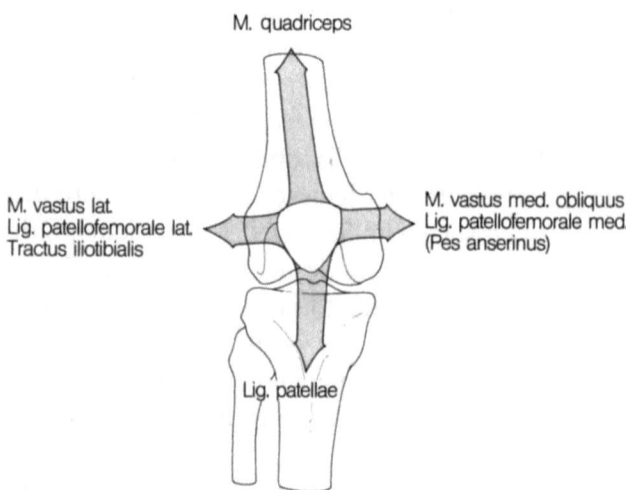

Abb. 23. Stabilisierung der Kniescheibe

biae mit dem Ansatz des Lig. patellae nach medial gebracht wird; dabei wird der Winkel „Q" verringert.
Der Sulkus der Facies patellaris am Femur dient der Kniescheibe als Gleitrinne; die Kniescheibe verschiebt sich bei Beugung über 90° um ungefähr 8 cm (das entspricht etwa dem Zweifachen ihrer Länge). Bei dieser Verschiebung dreht sich die Kniescheibe um eine transversale Achse.
Diese weite Gleitstrecke der Patella wird durch die Bursa suprapatellaris und die beiden Recessus parapatellares ermöglicht (Abb. 15. S. 32). Bei Streckung wird der Recessus suprapatellaris durch den M. articularis genus, der an der Unterseite des M. vastus intermedius entspringt, nach kranial gespannt. Auch der infrapatellare Fettkörper wird bei der Beugung des Kniegelenks mitverschoben.

Entzündliche Verwachsungen oder posttraumatische Obliterationen der Rezessus verhindern das Gleiten der Kniescheibe, da sie diese gegen das Femur fixieren; dies ist eine häufige Ursache der posttraumatischen oder postinfektiösen Kniegelenksteife.

Der Anpreßdruck der Kniescheibe an der Facies patellaris ist bei Streckung des Kniegelenks gering, nimmt bei Beugung zu und steigt bei manchen Sportarten auf ein Vielfaches des Körpergewichts; bei Überstreckung kann er ganz aufgehoben sein bzw. kann es sogar zum Abheben der Patella kommen, so daß die Kniescheibe eine Subluxation nach lateral aufweisen kann (Abb. 24a, b).

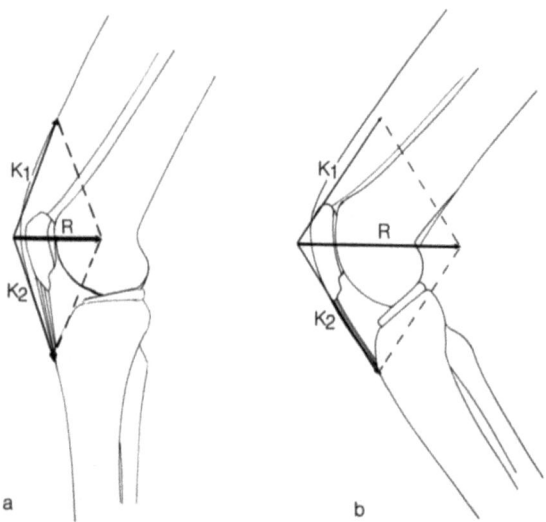

Abb. 24 a, b. Vektorendarstellung der Zunahme des Kniescheibenanpreßdrucks bei zunehmender Beugung

Häufig treten anlagebedingte oder posttraumatische Störungen des Streckapparats auf. Ihre Ursachen können in 3 Gruppen unterteilt werden:
- anlagebedingte Fehler der knöchernen Strukturen des Patellofemoralgelenks (Hypoplasie des lateralen Femurkondylus; Abnormität von Form, Größe oder Stand der Kniescheibe),
- Insuffizienz der Muskulatur (M. vastus medialis obliquus) und der Bandstrukturen, die den Streckapparat führen,
- Achsenfehlstellungen der unteren Extremität (Genu valgum, Rotationsfehler des Unterschenkels oder der Femurkondylen).

Oftmals sind für Störungen im Streckapparat mehrere Ursachen gemeinsam verantwortlich.

Der *M. quadriceps* ist der Strecker des Kniegelenks; als Antagonist der Beugemuskulatur kontrolliert er die Beugung auch gegen die Schwerkraft: er spannt die anteromedialen und anterolateralen Kapsel-Band-Strukturen, die nach proximal am Femur keinen fixen Ansatzpunkt haben, damit diese den Bewegungsverschiebungen nachfolgen können. Die Vorderhörner der Menisken werden über die Ligg. patellomeniscalia bei Streckung nach vorne gezogen.

Die wichtigste Funktion des Streckapparats ist die sagittale Stabilisierung, um eine vordere Luxation des Femurs über das Tibiaplateau zu verhindern. Der Streckapparat ist der dynamische Partner (Synergist) des hinteren Kreuzbands, dabei hat der Streckapparat, v. a. mit der Muskelschlinge, die aus den Mm. vastus medialis und lateralis gebildet wird, eine Stoßdämpferfunktion.

Bei der Streckung aus der Beugung von ca. 30° ist der Streckapparat Antagonist des vorderen Kreuzbands, da er den Schienbeinkopf nach ventral zu ziehen versucht. Zur regelrechten Funktion benötigt der Streckapparat daher das vordere Kreuzband als Widerlager.

Dadurch sind auch die Probleme der Rehabilitation der Quadrizepsmuskulatur bei Insuffizienz des vorderen Kreuzbands zu erklären; ist es insuffizient, kommt es bei der Streckung zur ventralen Subluxation des Schienbeinkopfs.

Hintere Strukturen

Die Strukturen an der Hinterseite des Kniegelenks sind (Abb. 14, S. 28):
- dorsale Kapsel,
- Lig. popliteum obliquum,

- Lig. popliteum arcuatum,
- M. popliteus und seine Sehne,
- medialer und lateraler Kopf des M. gastrocnemius,
- M. semimembranosus mit seinen Einstrahlungen in die dorsalen Kapsel-Band-Strukturen,
- Muskeln und Sehnen der Pes-anserinus-Gruppe,
- M. biceps femoris.

An der Dorsalseite des Kniegelenks wird die Kapsel durch starke Bandstrukturen (die beiden Kondylenkappen, das Lig. popliteum arcuatum, das Lig. popliteum obliquum und das hintere Schrägband) verstärkt. Die *dorsale Kapsel* ist in Streckstellung gespannt, trägt in dieser Position zur Seitenstabilität bei und verhindert eine Überstreckung des Gelenks. Gemeinsam mit ihren Verstärkungsbändern wird die dorsale Kapsel in Beugung von den Mm. semimembranosus, popliteus und biceps femoris gespannt. Das hintere Schrägband strahlt mit einem Faserbündel in die dorsale Kapsel ein.

Das *Lig. popliteum obliquum* (Abb. 14) stellt eine kräftige Verstärkung der dorsalen Kapsel dar. Es überbrückt das Gelenk von medial nach lateral, aufwärts zur lateralen Kondylenkappe. Medial entsteht das Lig. popliteum obliquum aus der Sehnenscheide (dem dritten Arm) des M. semimembranosus. Durch Kontraktion des M. semimembranosus werden bei Kniebeugung das Lig. popliteum obliquum und die dorsale Kapsel gemeinsam mit dem hinteren Schrägband an der posteromedialen Kniegelenkecke gespannt.

Die dorsale Kapsel überbrückt lateral die Sehne des M. popliteus und formt so das *Lig. popliteum arcua-*

tum (Abb. 14), das an der Fibulaköpfchenspitze inseriert. Das V-förmige Lig. popliteum arcuatum trägt zur Stabilisierung der hinteren lateralen Gelenkecke bei. Der laterale Bogen des Lig. popliteum arcuatum weist meist verstärkte Faserzüge zum Apex fibulae auf, welche im anglistischen Schrifttum als „short lateral collateral ligament" bezeichnet werden; ist eine Fabella vorhanden, so spricht man von einem Lig. fabellofibulare.

Die Verdickung der Kapsel über den Femurkondylen, die sog. *Kondylenkappen,* werden durch die Ansatzsehnen des medialen und des lateralen Kopfes des M. gastrocnemius gebildet.

Die Überstreckung des Gelenks wird durch die dorsalen Kapsel-Band-Strukturen und durch die das Gelenk überspannenden Muskeln an der dorsalen Seite des Gelenks verhindert. Das hintere Kreuzband ist ebenfalls in Streckstellung gespannt (Abb. 18, S. 36). Auch das vordere Kreuzband schützt vor einer Überstreckung, da es in dieser Position gegen das Dach der Fossa intercondylaris gepreßt wird. Die Beugemuskeln des Kniegelenks schränken die Streckung bzw. Überstreckung des Kniegelenks aktiv ein: auf der medialen Seite die Muskeln der Pes-anserinus-Gruppe, die hinter dem medialen Femurkondylus verlaufen, auf der lateralen Seite der M. biceps femoris und auf beiden Seiten die Köpfe des M. gastrocnemius, die die Streckung des Kniegelenks um so mehr kontrollieren, je mehr sie durch die Dorsalflexion im oberen Sprunggelenk gespannt werden.

Kreuzbänder

Die Kreuzbänder sind der zentrale Angelpunkt *("pivot central")* des Gelenks. Sie sind in unterschiedlicher Verlaufsrichtung angeordnet: bei Beugung des Kniegelenks verläuft das vordere Kreuzband in der Sagittalebene mehr horizontal, das hintere eher vertikal; in der Frontalebene zieht das vordere Kreuzband gerade nach oben lateral, das hintere schräg nach oben medial.
Die beiden Kreuzbänder sind intraartikulär, aber extrasynovial gelegen, da sie vorne und seitlich von der Membrana synovialis bedeckt sind. Zwischen dem vorderen und dem hinteren Kreuzband besteht ein konstanter Längenunterschied: die Länge des hinteren Kreuzbands beträgt nur etwa ⅗ der Länge des vorderen.
Aus biomechanischer Sicht erfolgt die Bewegung in der Sagittalebene nach den Gesetzen der Kinematik des Gelenkvierecks *("überschlagenes Gelenkviereck",* Menschik 1974): der Schnittpunkt der beiden Kreuzbänder, der sich in jeder Gelenkstellung mit dem der Seitenbänder deckt, ist jeweils die Drehachse des Kniegelenks. Die Seitenbänder kreuzen die Kreuzbänder dabei in unterschiedlichen Winkeln, so daß ein verspanntes, aber bewegliches System entsteht, das gegen Kräfte, die von ventral, dorsal oder den beiden Seiten einwirken sowie gegen Rotationskräfte optimal gesichert ist. (Die Anordnung der Kreuz- und Seitenbänder läßt sich mit der Anordnung der Speichen eines Rads vergleichen.) Das tibiale Seitenband

schneidet das vordere Kreuzband in einem Winkel von ca. 35°, das hintere in einem Winkel von ca. 70°. Der Winkel im Schnittpunkt zwischen dem vorderen Kreuzband und dem fibularen Seitenband beträgt annähernd 90°. Die beiden Seitenbänder kreuzen sich in einem Winkel von ca. 30–45°.

Bei Beugung und Streckung des Kniegelenks bewegt sich das Tibiaplateau als Tangente um die Femurkondylen, wobei es zu einem Rollen und gleichzeitigen Gleiten kommt, da die Zirkumferenz der femoralen Kondylengelenkfläche viel länger ist als die des Tibiaplateaus. Für die Koordination dieses Ablaufs zur Roll-Gleit-Bewegung sind die Kreuzbänder verantwortlich. Bei Zerlegung dieser Bewegung zeigt sich, daß aus der vollen Streckung heraus zuerst ein Rollen ohne Gleiten, später ein progressives Gleiten und zugleich ein Rollen stattfindet. Bis zu einer Beugung von etwa 15°, das entspricht etwa dem Bewegungsumfang beim Gehen, findet vorwiegend eine Rollbewegung der Kondylen statt. Der mediale Kondylus rollt nur bis zu einer Beugung von 10–15°, der laterale bis zu einer Beugung von ca. 20°, was für die Schlußrotation von Bedeutung ist.

Bei Außenrotation entdrehen sich die Kreuzbänder. Bei zunehmender Außenrotation wird das vordere Kreuzband an die mediale Seite des lateralen Femurkondylus gepreßt und verhindert so eine noch verstärkte Außenrotation. Bei Innenrotation verwinden sich die Kreuzbänder gegeneinander und wirken die dieser Bewegung entgegen; es kommt zum Anpressen der Tibia- an die Femurkondylen. Während sich die

Kreuzbänder bei Außenrotation entspannen, werden sie bei Innenrotation angespannt.

In Streckstellung liegt das vordere Kreuzband parallel dem knöchernen Dach der Fossa intercondylaris an und verhindert somit ein weiteres Überstrecken. (Das Dach der Fossa intercondylaris bildet mit der Oberschenkelschaftachse einen Winkel von etwa 40°.)

Bei Überstreckung werden beide Kreuzbänder gespannt. Bei Beugung und Streckung verdrehen sich die beiden Kreuzbänder jeweils um ihre Längsachse, was durch die Lageänderung der schrägen, ovalen Ansätze an den Femurkondylen zu erklären ist. Aus diesem Grund sind auch die einzelnen Faserbündel der Kreuzbänder in unterschiedlichen Beugestellungen gestrafft oder entspannt. Die femoralen Ansatzstellen der Kreuzbänder sind unterschiedlich: Während die Ansatzstelle des hinteren Kreuzbands bei gestrecktem Kniegelenk horizontal ist, ist die des vorderen Kreuzbands vertikal.

Das *vordere Kreuzband (Lig. cruciatum anterius)* (Abb. 25, 26, 27) zieht von der Area intercondylaris anterior tibiae zur Innenfläche des lateralen Femurkondylus. An der Vorderseite ist es mit einer Synovialschicht bedeckt. Es besteht aus 3 funktionell-anatomischen Bündeln:
- dem langen anteromedialen,
- dem intermediären und
- dem posterolateralen Bündel.

Die Nomenklatur der Bündel bezieht sich auf ihre Ansätze am Tibiaplateau, wo sie ein Dreieck mit einer Spitze nach dorsal bilden. Das anteromediale und das

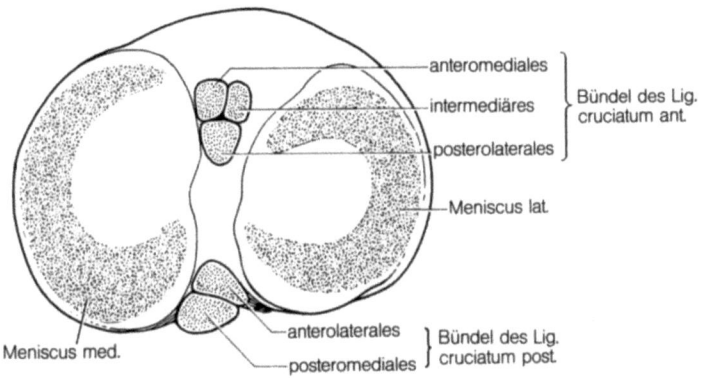

Abb. 25. Rechtes Kniegelenk. Ansicht von oben auf das Tibiaplateau: distale Ansatzstellen des vorderen und hinteren Kreuzbands, Menisken nur angedeutet

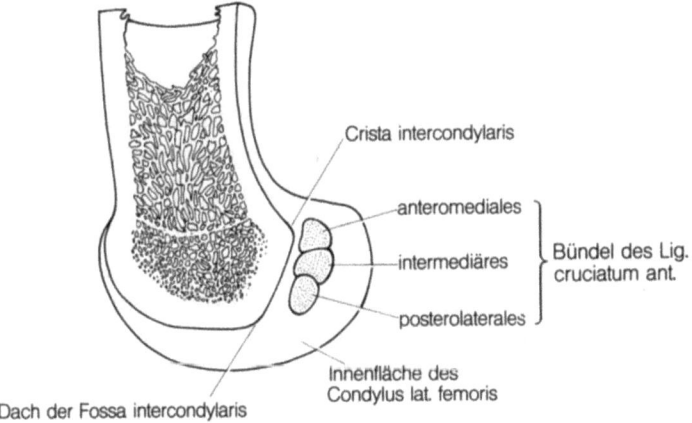

Abb. 26. Rechtes Kniegelenk. Ansicht von medial nach Osteotomie des medialen Femurkondylus in Sagittalebene: lateraler Femurkondylus und proximaler Ansatz des vorderen Kreuzbands

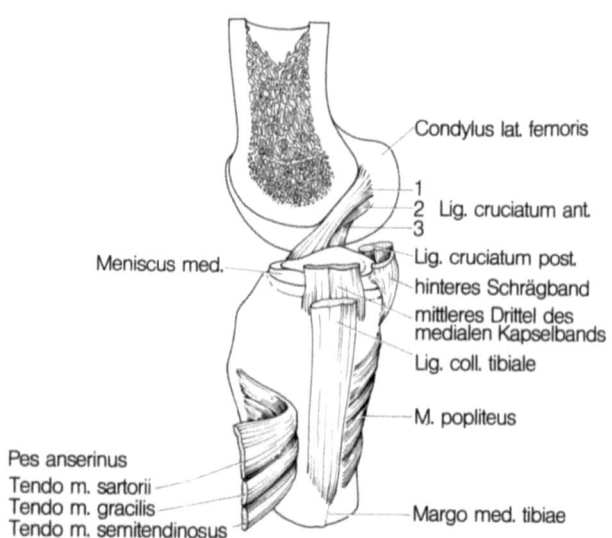

Abb. 27. Rechtes Kniegelenk. Ansicht von medial nach Osteotomie des medialen Femurkondylus in der Sagittalebene: Lig. cruciatum anterius: *1* anteromediales, *2* intermediäres, *3* posterolaterales Bündel

intermediäre Bündel sind in Streckstellung gespannt und gegen die interkondyläre Begrenzung (mediale Fläche des lateralen Femurkondylus) gepreßt; in Beugung ist hingegen das posterolaterale Bündel gestrafft und das anteromediale entspannt (Abb. 28 a, b).

Die *Schlußrotation* ist eine Zwangsbewegung zwischen der Tibia und dem Femur; sie ist rein passiv und durch die Form der Gelenkkörper und die schräg gegeneinander versetzten Bandstrukturen (Kreuzbänder) bedingt.

Bewegt sich das Kniegelenk in die volle Streckung, so wird das vordere Kreuzband gespannt und verhindert

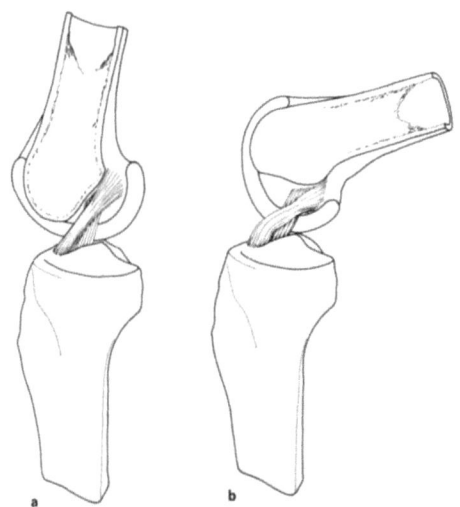

Abb. 28 a, b. Ansicht von medial auf das vordere Kreuzband nach Entfernung des medialen Femurkondylus. Beachte die unterschiedliche Spannung der Bündel des vorderen Kreuzbands in Streck- und in Beugestellung

eine weitere Streckbewegung um den lateralen Femurkondylus. Eine weitere Streckung um den medialen Kondylus wird durch eine Innenrotation und die längere Rollphase des lateralen Kondylus um die Achse des gespannten vorderen Kreuzbands ermöglicht: der mediale Kondylus wird dadurch frei und kann in die volle Streckung gleiten. Bei Innenrotation des Femurs auf dem Tibiaplateau werden das Lig. popliteum obliquum und die schräg verlaufenden medialen und lateralen Kapsel-Band-Strukturen (tibiales Seitenband, hinteres Schrägband, fibulares Seitenband und Lig. popliteum arcuatum) gespannt. So wird eine weitere Rotation verhindert und das Kniegelenk ist durch die Schlußrotation in leichter Überstreckung stabil („verriegelt"). Neben der Stabilitätserhöhung des Kniegelenks in Streckstellung dient die Schlußrotation der Vergrößerung der Standfläche. Um das Gelenk aus dieser stabilen, geringfügigen Überstreckung beugen zu können, muß erst der M. popliteus das Femur außenrotieren, dann können die Kniebeuger wirken.

Die Funktionen des vorderen Kreuzbands sind somit:
- Stabilisation durch Verhinderung der Subluxation der Tibia nach vorne. Das vordere Kreuzband verhindert ein Rückwärtsgleiten des Femurs auf der Tibia und wird dabei von den Menisken und den meniskotibialen Bändern unterstützt. Es wirkt sowohl gegen die Innenrotation als auch gegen die maximale Außenrotation bei Beugung und kontrolliert überdies die Überstreckung. Es unterstützt als sekundärer Stabilisator die mediale und laterale Stabilität, sobald die primären Stabilisatoren in dieser Ebene (tibiales und fibulares Seitenband) und die seitlichen Kapsel-Band-Strukturen ausgefallen sind.

Das anteromediale Bündel unterstützt die anterolaterale, das intermediäre Bündel die gerade vordere sowie anteromediale und das posterolaterale Bündel die posterolaterale Stabilität.

Das vordere Kreuzband fungiert als wichtiges Widerlager bei der regelrechten Funktion des Streckapparats bei der Beugung zwischen 0° und 30°, da es der ventralen Subluxationstendenz des Schienbeinkopfs bei der Streckung entgegenwirkt.

- Mitverantwortung für die Schlußrotation,
- Koordination des Roll-Gleit-Vorgangs.

Unmittelbar hinter dem vorderen Kreuzband liegt das kräftigere *hintere Kreuzband* (Lig. cruciatum posterius) (Abb. 25, 29, 30, 31 a–c), welches von seinem Ursprung in der Area intercondylaris posterior und von der Dorsalseite der Tibia zur lateralen Fläche des medialen Femurkondylus zieht und dort V-förmig ansetzt. Das hintere Kreuzband steht in seinem distalen Drittel mit der dorsalen Kapsel in enger Verbindung. Das hintere Kreuzband besteht aus 2 Teilen, einem anterolateralen und einem posteromedialen Bündel,

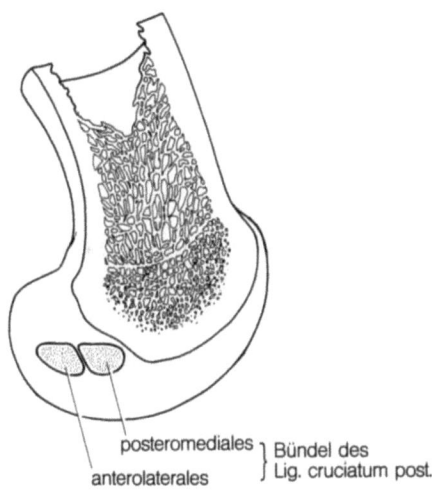

posteromediales ⎫ Bündel des
anterolaterales ⎭ Lig. cruciatum post.

Abb. 29. Rechtes Kniegelenk. Ansicht von lateral nach Osteotomie des lateralen Femurkondylus in der Sagittalebene: medialer Femurkondylus und proximale Ansatzstelle des hinteren Kreuzbands

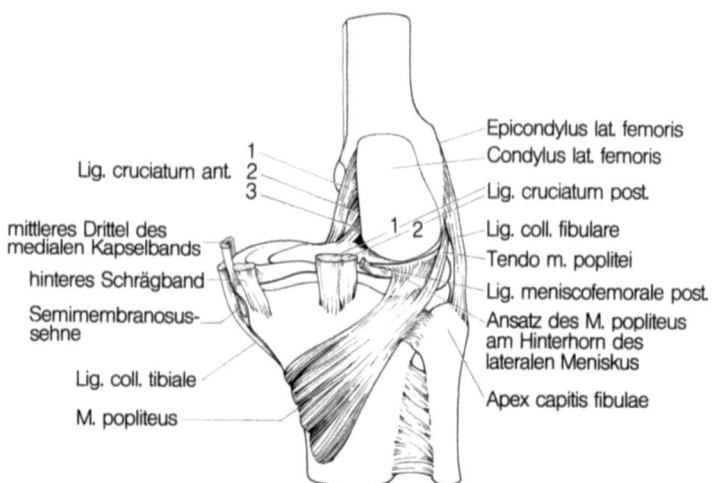

Abb. 30. Rechtes Kniegelenk. Ansicht von dorsal nach Osteotomie des medialen Femurkondylus in der Sagittalebene: Lig. cruciatum anterius: *1* anteromediales, *2* intermediäres, *3* posterolaterales Bündel; Lig. cruciatum posterius: *1* posteromediales, *2* anterolaterales Bündel

welches kürzer und dicker ist. Im Hinterhornbereich des lateralen Meniskus finden sich häufig Verankerungsbänder, die schräg nach proximal zum hinteren Kreuzband ziehen: das Lig. meniscofemorale anterius (Humphrey) setzt vor dem hinteren Kreuzband, das Lig. meniscofemorale posterius (Wrisberg) hinter diesem an der lateralen Fläche des medialen Femurkondylus an (Abb. 18, 30).

Bei Innenrotation wird das hintere Kreuzband angespannt, wodurch die Gelenkflächen einander genähert werden und sich die Stabilität erhöht.

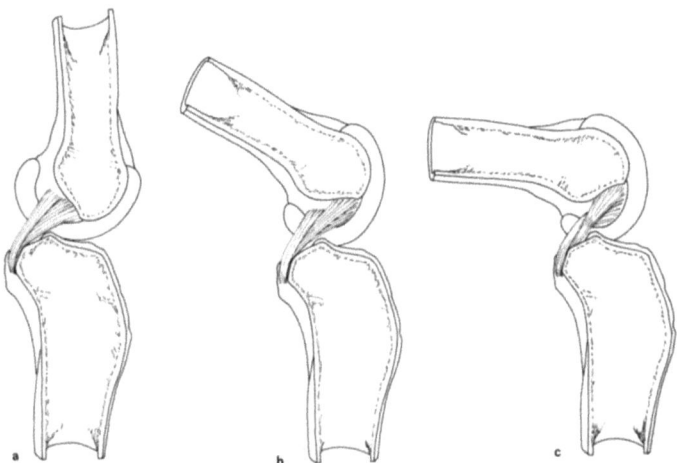

Abb. 31 a–c. Ansicht von lateral auf das hintere Kreuzband nach Entfernung der lateralen Kondylen von Femur und Tibia. Beachte die unterschiedliche Faserspannung der Bündel des hinteren Kreuzbands in Streck- und Beugestellung

Die Funktionen des hinteren Kreuzbands sind:

- Stabilisation des Kniegelenks, indem es eine Subluxation des Schienbeinplateaus nach dorsal verhindert. Gemeinsam mit dem Streckapparat blockiert es das Vorwärtsgleiten des Femurs am fixierten Schienbein während der Standphase, beim Gehen und beim Laufen (Dezeleration). Als sekundärer Stabilisator unterstützt es die mediale und laterale Stabilität.
- Koordination des Roll-Gleit-Vorgangs.

Menisken

Die Menisken sind keilförmige, elastische und verformbare Faserknorpelkörper. Die nach oben gerichtete Fläche ist konkav und in Kontakt mit den Femurkondylen; die Unterfläche ist annähernd plan und liegt dem jeweiligen Tibiaplateau auf. Die zylinderförmige, periphere Fläche ist mit dem Kapselband verwachsen (Abb. 11).
Durch die Menisken wird das Gelenk zwischen Femur und Tibia zweigeteilt: Man spricht von einem femoromeniskalen und einem meniskotibialen Gelenk. Der mediale Meniskus ist größer und C-förmig, während der laterale Meniskus kleiner sowie ringförmig konfiguriert ist und einen kleineren Krümmungsradius aufweist. Der laterale Meniskus ist im Sagittalschnitt gleichmäßig dick, der mediale ist hingegen bikonkav und keilförmig (im Hinterhornbereich höher, vorne viel flacher als der laterale Meniskus) (Abb. 25). Der laterale Meniskus ist im Durchschnitt etwa 12 mm breit, der mediale nur etwa 10 mm (lediglich im Hinterhornbereich wird er meist etwas breiter).
Ihren peripheren Ansatz haben die Menisken am Kapselband. Von dort erfolgen die Durchblutung und die Innervation der *Meniskusbasis*. Dem kurzen me-

niskotibialen Anteil des Kapselbands kommt besondere Bedeutung für die Fixation der Menisken am Schienbeinkopf zu. Die tibiale Verankerung der Vorder- und Hinterhörner der Menisken liegt in den Areae intercondylares anterior und posterior.

Zwischen den beiden Meniskusvorderhörnern besteht eine Verbindung durch das *Lig. transversum genus*, welches selbst mit dem infrapatellaren Fettkörper verbunden ist (Abb. 32).

Die Ligg. patellotibialia geben Fasern zu den Vorderhörnern ab, welche als *Ligg. patellomeniscalia* be-

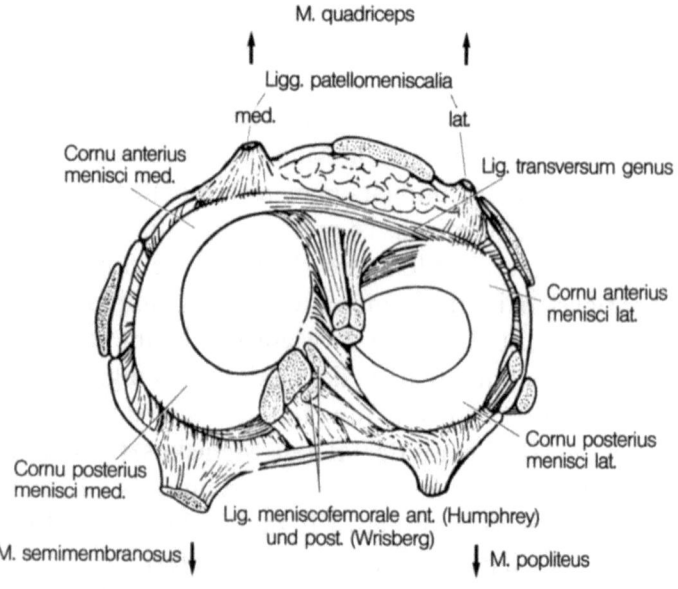

Abb. 32. Aufsicht auf eine rechte Tibiagelenkfläche nach Entfernung der Oberschenkelkondylen. Bandstümpfe erhaben gezeichnet. Dynamische Meniskuszügelung *(Pfeile)*

zeichnet werden; durch diese werden die Menisken bei Streckung des Kniegelenks nach vorne gezogen.
In das Hinterhorn des medialen Meniskus strahlen Fasern aus der Sehne des M. semimembranosus ein. Der mediale Meniskus wird durch diesen Muskel dynamisch kontrolliert. In das Hinterhorn des lateralen Meniskus strahlen Fasern der Sehne des M. popliteus ein. Im Bereich des Recessus popliteus ist die Verbindung des lateralen Meniskus zum lateralen Kapselband unterbrochen. Eine zusätzliche Verankerung hat das Hinterhorn des lateralen Meniskus durch die *Ligg. meniscofemoralia anterius* (Humphrey) und/ oder *posterius* (Wrisberg) (Abb. 18, 30, 32, S. 36, 56 u. 60). Sie kommen fast nie gemeinsam vor und werden in etwa 30% der Fälle überhaupt nicht gefunden. Diese Bänder können auch als eine Bandverbindung vom Hinterhorn des lateralen Meniskus zum hinteren Kreuzband angesehen werden. Zwischen dem hinteren Kreuzband und dem Hinterhorn des medialen Meniskus besteht keine Verbindung. Zwischen dem vorderen Kreuzband und dem Vorderhorn des medialen Meniskus finden sich manchmal geringfügige Faserverbindungen.
Während Beugung und Streckung des Kniegelenks führen die Menisken folgende Bewegungen aus (Abb. 33 a, b):
Bei der Streckbewegung gleiten beide Menisken nach ventral, wodurch der hintere Anteil des lateralen und auch des medialen Tibiakondylus frei wird. Bei der Beugung gleiten beide Menisken nach dorsal über den hinteren Anteil der Tibiakondylen, im lateralen Be-

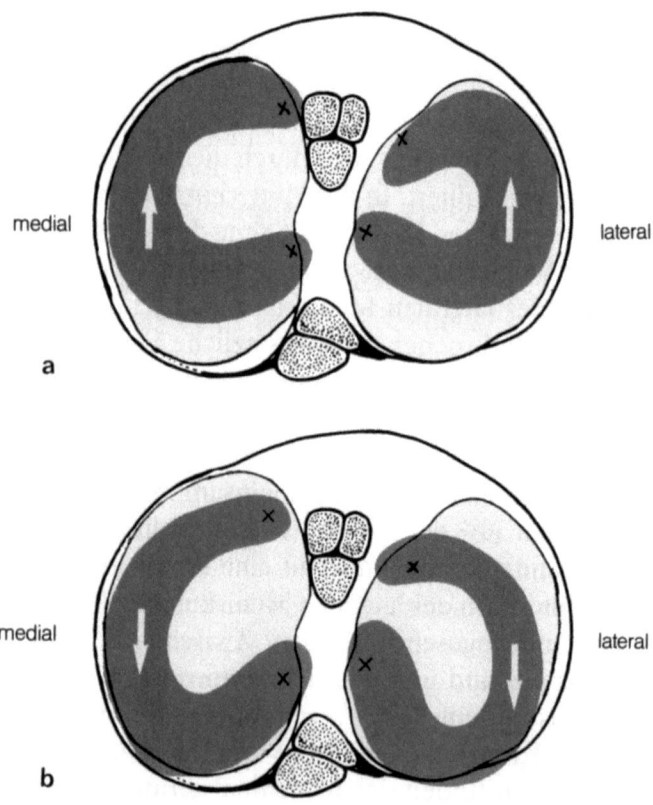

Abb. 33 a, b. Verformung der Menisken. **a** Bei Streckung des Kniegelenks und Verschiebung nach ventral, **b** bei Beugung des Kniegelenks und Verschiebung nach dorsal

reich sogar bis über die dorsolaterale Plateaulippe. Die Gleitbewegung des medialen Meniskus beträgt dabei etwa 6 mm, die des lateralen Meniskus etwa 12 mm. Bei diesen Gleitbewegungen kommt es zu einer Verformung der Menisken.

Für die Meniskusbewegungen sind sowohl passive als auch aktive Faktoren verantwortlich:
Die passive Ursache sind die beiden Femurkondylen, die bei Streckung die Menisken nach vorn drücken.
An aktiven Faktoren sind mehrere bekannt: Während der Streckung werden die Menisken durch die Ligg. patellomeniscalia nach vorn gezogen; zusätzlich wird das Hinterhorn des lateralen Meniskus durch Anspannung des Lig. meniscofemorale anterius oder posterius nach vorn gezogen, weil das hintere Kreuzband gespannt wird und diese Spannung auch auf das Lig. meniscofemorale anterius oder postcrius übertragen wird.
Der mediale Meniskus ist weniger beweglich als der laterale und steht unter der dynamischen Kontrolle des M. semimembranosus; bei Beugung wird der mediale Meniskus durch den Kapselarm des M. semimembranosus, welcher zur posteromedialen Ecke zieht, nach dorsal gezogen (der Kapselarm des M. semimembranosus, der mediale Meniskus und das hintere Schrägband bilden eine funktionelle Einheit) (Abb. 34).
Der laterale Meniskus wird durch den M. popliteus dynamisch beeinflußt und bei Beugung nach hinten gezogen.
Die Bewegungen der Menisken während der Rotation des Unterschenkels lassen sich wie folgt beschreiben: Auch während der Rotation des Unterschenkels machen die Menisken eine Verschiebung auf dem Tibiaplateau mit. Sie folgen dabei den Femurkondylen: Bei Außenrotation wird der vordere Anteil des lateralen

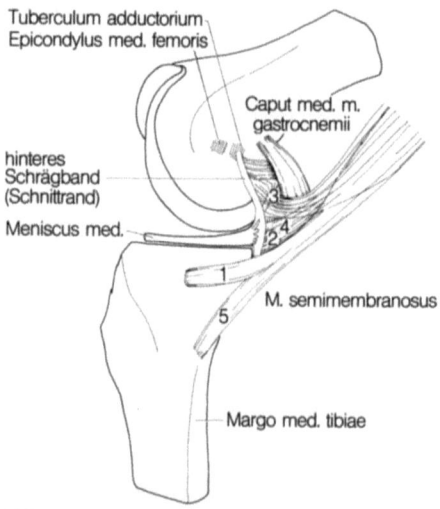

Abb. 34. Rechtes Kniegelenk. Ansicht von medial: dorsomediale Kapselecke, Einstrahlungen des M. semimembranosus in das Hinterhorn des medialen Meniskus

Meniskus nach vorne geschoben und gezogen, während der mediale Meniskus nach hinten gezogen wird. Bei Innenrotation bewegt sich der mediale Meniskus nach vorne, während der laterale nach hinten wandert (Abb. 35 a, b). Im Verlauf dieser Bewegung verformen sich die Menisken um ihre Fixpunkte, das sind die Ansätze im Bereich der Vorder- und Hinterhörner. Das gesamte Ausmaß der Bewegungsmöglichkeit des lateralen Meniskus ist etwa doppelt so groß wie jenes des medialen. Die Verschiebung der Menisken durch Rotationsbewegungen wird vorwiegend passiv durch die Femurkondylen durchgeführt. Die Ligg. patellomeniscalia wirken aktiv auf diese Verschiebung: Durch

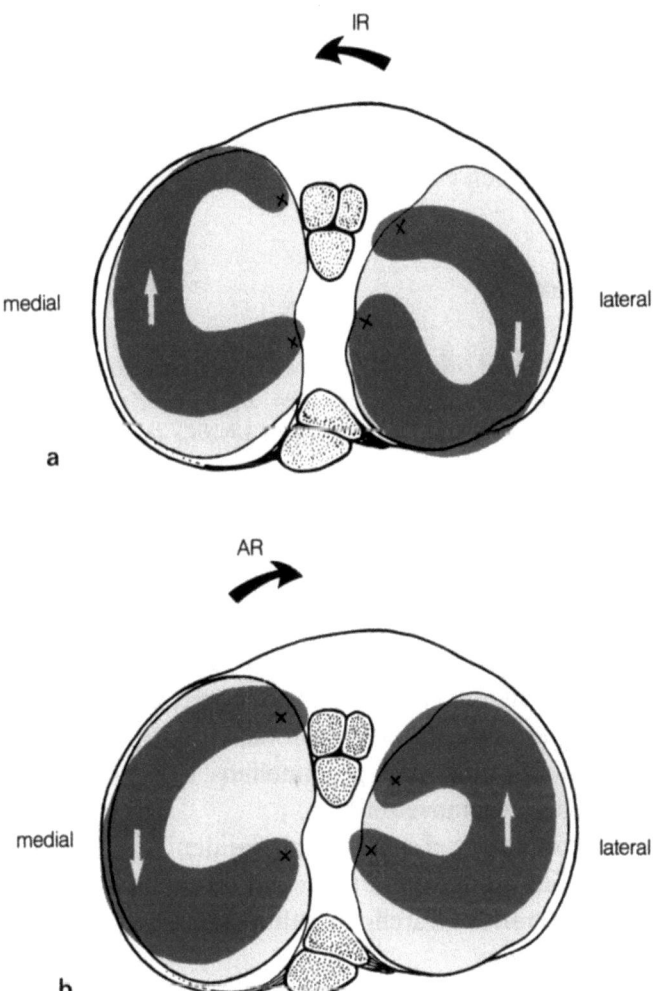

Abb. 35a, b. Verschiebung und Verformung der Menisken. **a** Bei Innenrotation des Unterschenkels. **b** Bei Außenrotation des Unterschenkels

die Änderung der Stellung der Kniescheibe zur Tibia während der Rotationsbewegung des Unterschenkels kommt es zur unterschiedlichen Spannung der patellomeniskalen Bänder, welche dann den jeweiligen Meniskus nach vorn ziehen.

Funktionen

Die Menisken bilden eine bewegliche, seichte Pfanne für die Gleitflächen des Femurs, wodurch der Gelenkkontakt vergrößert, die Stabilität erhöht und ein Stoßdämpfereffekt erzielt wird. Hauptaufgabe der Menisken ist die Gewichtsverteilung bei belastetem Kniegelenk.
Durch den wechselnden Druck auf den Gelenkkörper fördern die Menisken die Diffusion und tragen zur Verteilung der Synovialflüssigkeit bei. Darüber hinaus kontrollieren sie passiv die Bewegung.
Zusammenfassung der Funktionen:
- Verminderung des punktuellen Kontaktstresses durch Gewichtsverteilung,
- Verminderung der Belastung bei der Transmission des Gewichts vom Femur auf die Tibia – Stoßdämpfereffekt durch Aufnahme der Energie durch Verformung,
- Erhöhung der Kongruenz der Gelenkflächen,
- Erhöhung der Stabilität des Gelenks (v. a. der Rotationsstabilität; zur anterior-posterioren Stabilität tragen die Menisken erst bei Insuffizienz des vorderen Kreuzbands bei),

passive Einschränkung der Hyperextension und Hyperflexion,
- Verbesserung der Gelenkschmierung und Ernährung des Gelenkknorpels.

Verletzungen

Neben degenerativen Veränderungen findet man häufig traumatische Läsionen der Menisken.
Die Verletzung wird oft dadurch ausgelöst, daß die Menisken den Bewegungen der Femurkondylen nicht rasch genug folgen können und deshalb zwischen dem Femur- und dem Tibiakondylus eingeklemmt werden; dies kann z. B. während einer raschen, forcierten Extension des Kniegelenks (Kicken beim Fußball) passieren. Dieser Verletzungsmechanismus führt zu transversalen Rissen oder zum Abriß des Meniskusvorderhorns.
Ein anderer Mechanismus, der zur Meniskusläsion führt, ist eine Drehbewegung des Kniegelenks („Twistbewegung") mit einer Lateralverschiebung und Außenrotation des Unterschenkels. Der mediale Meniskus wird dabei nach vorn und in die Kniemitte gezogen. Wird nun das Knie gleichzeitig gestreckt und belastet, klemmt der mediale Femurkondylus den Meniskus ein und es kommt zu einem longitudinalen Meniskusriß, einer kompletten Ablederung des Meniskus vom Kapselband oder einer komplexen Meniskusverletzung. Luxiert bei einem longitudinalen Meniskusriß der zentrale, freie Teil in die Fossa intercondylaris, so bezeichnet man diese Verletzungsform als Korbhenkelriß.
Meniskusverletzungen, v. a. Meniskusbasisabrisse, treten häufig gemeinsam mit Kapsel-Band-Verletzungen auf. In diesen Fällen liegt die Läsion meist im Bereich der posteromedialen Ecke des medialen Meniskus, wobei es zum Abriß des medialen Meniskus im Bereich des hinteren Schrägbands oder zum

Zerreißen des Kapselarms des M. semimembranosus kommt. Fehlt die dynamische Kontrolle des M. semimembranosus, so kann der Meniskus bei späteren extremen Bewegungen zusätzlich verletzt werden.

Auch bei chronischen Gelenkinstabilitäten, bei denen es durch den Verlust des vorderen und hinteren Kreuzbands zu Störungen in der Kinematik des Kniegelenks gekommen ist, kann in der Folge eine Meniskusläsion auftreten. Ist der Meniskus einmal verletzt, kann der verletzte Teil die Bewegungen nicht mehr mitmachen und wird zwischen Femur- und Tibiakondylen eingeklemmt; dabei kommt es zur Fixation des Kniegelenks in einer Beugeposition, die volle Streckung des Kniegelenks ist dann nicht mehr möglich.

Eine Meniskusläsion kann im späteren Verlauf zu Knorpelläsionen führen.

Infrapatellarer Fettkörper

Der *infrapatellare Fettkörper (Corpus adiposum infrapatellare)* dient dem Druckausgleich im Kniebinnenraum und unterstützt den Streckapparat bei der Dezeleration. Er hat die Form einer Pyramide, die Basis liegt an der Hinterfläche des Lig. patellae, und überdeckt den vorderen Anteil der Fossa intercondylaris femoris. An der dem Gelenk zugewendeten Seite weist er einen synovialen Überzug auf. Der obere Anteil wird durch ein fibroadipöses Band, welches von der Spitze der Patella zum oberen Rand der Fossa intercondylaris zieht, gespannt; diese Verbindung wird als Plica infrapatellaris bezeichnet. Die Oberfläche des Fettkörpers ist durch mehrere Plicae alares gekennzeichnet. Der infrapatellare Fettkörper erfüllt den vorderen Abschnitt des Kniegelenks. Während der Beugung wird er durch das Lig. patellae zusammengepreßt und weicht teilweise zu den beiden Seiten der Patellaspitze aus (Abb. 36).

Der infrapatellare Fettkörper ist der Überrest des embryonalen medianen Septums. Beim Erwachsenen besteht üblicherweise ein Spalt zwischen dem infrapatellaren Fettkörper und dem synovialen Überzug der Kreuzbänder. Durch diesen Spalt sind die mediale

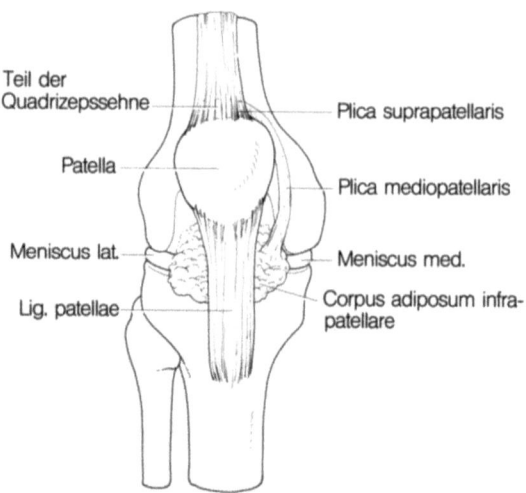

Abb. 36. Rechtes Kniegelenk. Ansicht von ventral; alle Kapsel-Band-Strukturen bis auf das Lig. patellae entfernt: Plica mediopatellaris, Plica suprapatellaris, Fettkörper

und die laterale Kniegelenkshälfte verbunden. Eine weitere Kommunikation der beiden Gelenkshälften besteht oberhalb des Fettkörpers in Richtung Bursa suprapatellaris. In seltenen Fällen kann das mediane Septum persistieren, so daß auch beim Erwachsenen als einzige Kommunikation jene oberhalb des infrapatellaren Fettkörpers besteht.

Der infrapatellare Fettkörper ist gut durchblutet; gemeinsam mit den Gefäßen des medialen und des lateralen Retinaculum patellae sorgen seine Gefäße für die Durchblutung des Lig. patellae.

Plicae synoviales

Die Plicae synoviales sind Rudimente der fetalen Teilungssepten des Kniegelenks. Man findet sie bei etwa 60% der Menschen.
Die *Plica suprapatellaris* ist eine am oberen Patellarand querverlaufende Synovialfalte, die die Trennung des Kniegelenks von der Bursa suprapatellaris darstellt; sie ist an der Medialseite meistens breiter und hat häufig eine Verbindung zur Plica mediopatellaris.
Die *Plica mediopatellaris* ist eine an der Medialseite der Patella senkrecht verlaufende Synovialfalte, die eine meniskoide Funktion für das Femoropatellargelenk hat und in den Synovialüberzug des infrapatellaren Fettkörpers übergeht (Abb. 21, S. 40 u. Abb. 36).
Die *Plica infrapatellaris* ist die am häufigsten vorkommende Synovialfalte (sie war die Trennung zwischen dem medialen und dem lateralen Compartment) und ist in der Fossa intercondylaris am Knorpelrand der Facies patellaris fixiert. Sie liegt vor dem vorderen Kreuzband und läuft glockenförmig in den Synovialüberzug des Fettkörpers aus. Die Plica infrapatellaris führt die Gefäße der Anastomosen des Plexus centroarticularis zum Plexus des Fettkörpers und zum Rete patellae.

Die *Plicae alares* sind zottenförmige Ausläufer des Fettkörpers, die von Membrana synovialis überzogen sind.

Bursae synoviales

Rund um das Kniegelenk sind eine Vielzahl von Schleimbeuteln angeordnet, welche teilweise mit der Kniegelenkshöhle in Verbindung stehen. Die präformierten Verschiebegleiträume sind mit einer Synovialmembran ausgekleidet. Sie liegen dort, wo auf engem Raum anatomische Strukturen sich bei Bewegungen des Kniegelenks gegeneinander verschieben und wo Druck- und Reibungskräfte gleichzeitig einwirken.

Die kommunizierenden Bursen sind blindsackartige Ausweitungen der eigentlichen Gelenkshöhle und können als Neben- oder Reserveräume für die Abscheidung von Synovialflüssigkeit betrachtet werden (Abb. 37 u. 38).

Die *Bursa suprapatellaris* liegt zwischen dem distalen Oberschenkelschaft und der Sehne des M. quadriceps femoris, proximal des Femoropatellargelenks und der Kniescheibenbasis. Sie ist der größte kommunizierende Schleimbeutel, wird vom M. articularis genus gespannt und so vor Einklemmungen bewahrt. Kommt es zur Bildung eines intraartikulären Ergusses, so wulstet sich die Bursa suprapatellaris hufeisenförmig um die Kniescheibe hervor.

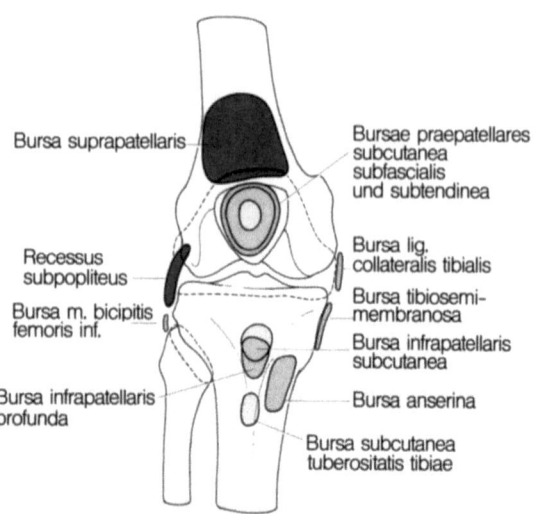

Abb. 37. Rechtes Kniegelenk. Ansicht von ventral: Lage der Bursae synoviales; Ansatzlinie der Kniegelenkskapsel und des proximalen Tibiofibulargelenks *gestrichelt*

In sehr seltenen Fällen kann sie durch eine nichtrückgebildete Membrana suprapatellaris zur Plica suprapatellaris von der eigentlichen Gelenkshöhle getrennt sein.

Die *Bursa subtendinea m. gastrocnemii medialis* liegt zwischen der Unterseite der Ursprungsehne des medialen Kopfs des M. gastrocnemius und der dorsomedialen Kondylenkappe.

Die *Bursa m. semimembranosi* liegt zwischen der Sehne des M. semimembranosus und der Sehne des medialen Kopfs des M. gastrocnemius. In den meisten Fällen verschmelzen die Bursa m. semimembranosi und die Bursa subtendinea m. gastrocnemii medialis

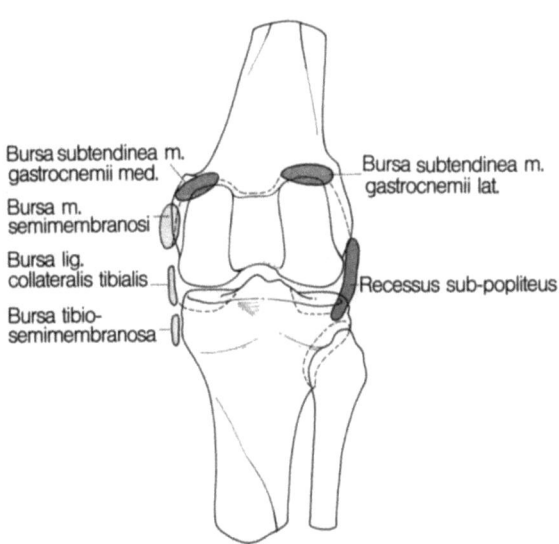

Abb. 38. Rechtes Kniegelenk. Ansicht von dorsal: Lagen der Bursae synoviales; Verlauf der Gelenkskapsel *gestrichelt*

und werden zusammen als *Bursa gastrocnemiosemimembranosa* bezeichnet.

Die *Bursa tibiosemimembranosa* liegt zwischen den Ansatzsehnen des M. semimembranosus und des medialen Kapselbands am Schienbeinrand.

Die *Bursa lig. collateralis tibialis* liegt zwischen dem tibialen Seitenband und dem mittleren Drittel des medialen Kapselbands.

Die *Bursa anserina* liegt zwischen den flächenförmigen Sehnen des Pes anserinus und der medialen Tibiafläche.

Der *Recessus subpopliteus* befindet sich zwischen der Sehne des M. popliteus und der lateralen Gelenkkapsel. Der Recessus subpopliteus kann mit der Articulatio tibiofibularis proximalis kommunizieren.

Die *Bursa subtendinea m. bicipitis femoris inferior* bildet eine Art Sehnenscheide zwischen dem fibularen Seitenband und der mittleren Schicht der Sehne des M. biceps femoris, der hier – das fibulare Seitenband umfassend – schlingenförmig ansetzt. Diese Bursa kann bei der Präparation für einen Transfer des M. biceps femoris als anatomisches Leitgebilde herangezogen werden.

Die *Bursae praepatellares subcutanea, subfascialis und subtendinea* sind Verschiebespalten, die ausgedehnte Verschiebungen zwischen Haut und Kniescheibe ermöglichen.

Die *Bursa infrapatellaris subcutanea* liegt zwischen Haut und Lig. patellae.

Die *Bursa infrapatellaris profunda* liegt zwischen dem Lig. patellae und der Tibia, unterhalb des infrapatellaren Fettkörpers.

Die *Bursa subcutanea tuberositatis tibiae* liegt zwischen Haut und Schienbeinrauhigkeit.

Differentialdiagnose Bursa–Zyste: Die Bursa ist ein präformierter, funktioneller Gleitraum; eine Zyste ist eine Herniation der Membrana synovialis durch die Capsula fibrosa, die durch eine Steigerung des intraartikulären Drucks durch Zunahme der Synovialflüssigkeit nach Binnenstörungen des Kniegelenks hervorgerufen wird. Eine Zyste verursacht meist Symptome (z. B. Baker-Zyste).

Wichtig ist die Kenntnis der Lage der Schleimbeutel, da bei Schwellung des Kniegelenks zu differenzieren ist, ob ein Gelenkerguß vorliegt („Tanzen" der Patella) oder ob es sich um eine Schwellung im Bereich eines abgegrenzten Schleimbeutels handelt.

Gefäßversorgung

Die Fortsetzung der A. femoralis ab dem Hiatus adductorium heißt *A. poplitea*. Sie gibt bei ihrem Verlauf durch die Fossa poplitea 5 größere Äste für das Kniegelenk ab:
- *A. articularis medialis superior,*
- *A. articularis lateralis superior,*
- *A. genus media,*
- *A. articularis medialis inferior,*
- *A. articularis lateralis inferior*

und teilt sich beim Austritt aus der Fossa poplitea in die Aa. tibialis anterior und posterior, die noch die *Aa. recurrens tibialis anterior* und *posterior* für das Kniegelenk abgeben. Aus der A. femoris profunda entspringt die *A. genus descendens* (Abb. 39 u. 40).
Alle Gefäße des Kniegelenks sind durch zahlreiche Anastomosen verbunden und bilden das *Rete articulare genus*. In den einzelnen Compartments gibt es zusätzlich Anastomosen, die umschriebene Gefäßnetze bilden (Abb. 39 u. 40).
Das *zentroartikuläre Gefäßnetz* wird hauptsächlich aus den Gefäßen der A. genus media und Zuflüssen aus den Kollateralästen der Aa. articulares mediales und laterales inferiores gebildet, und versorgt das zen-

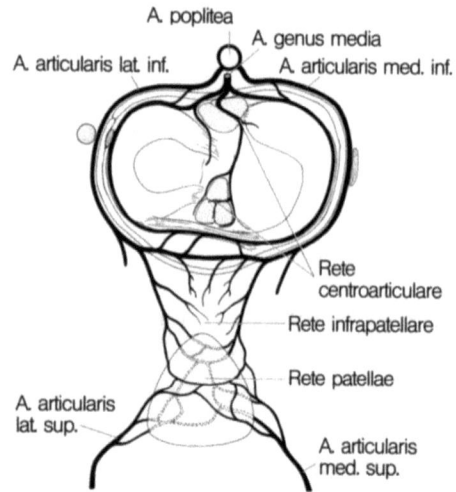

Abb. 39. Schematische Darstellung der Kniegelenkgefäße. Ansicht auf das Tibiaplateau von oben, Patella und Lig. patellae nach ventral geklappt

trale Compartment (Ligg. cruciata anterius und posterius, Plica infrapatellaris, Hinterhörner des medialen und lateralen Meniskus).

Das *perimeniskale Gefäßnetz* wird aus den Verzweigungen des posteromedialen und posterolateralen Asts der A. genus media und aus Zuflüssen aus den Kollateralästen der Aa. articulares mediales und laterales inferiores gebildet und versorgt den medialen und lateralen Meniskus und die dazugehörigen Compartments.

Die Speisung des *Gefäßnetzes des infrapatellaren Fettkörpers* erfolgt aus den Endästen der quer verlaufenden vorderen Anastomosen und des jeweils in der Pli-

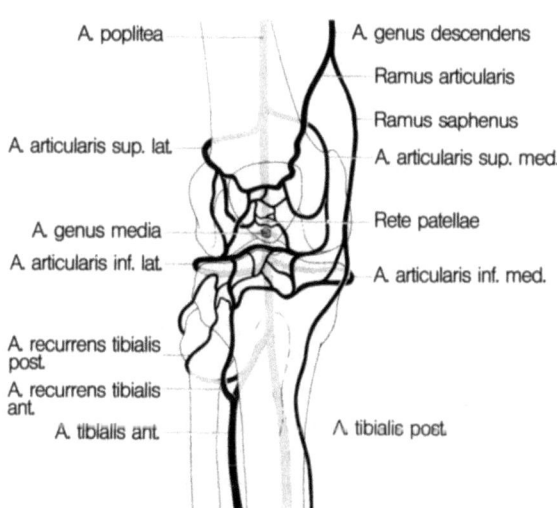

Abb. 40. Rechtes Kniegelenk. Ansicht von ventral: schematische Darstellung des Rete articulare genus und der Arteria poplitea mit Ramifikation

ca infrapatellaris gelegenen Endasts der Aa. articulares mediales und laterales inferiores.

Die oberflächlichen, subfaszial gelegenen, kleinen Gefäße der Kniegelenkarterien bilden das *Rete patellae* und versorgen das Lig. patellae und die Retinacula patellae.

Das Rete articulare genus garantiert die ausreichende Durchblutung der Kapsel-Band-Strukturen – v.a. im Hinblick auf den bradytrophen Gewebetyp der Bänder. Andererseits sind trotz zahlreicher kleinster Anastomosen manche Arterienäste als funktionelle Endarterien anzusehen, z.B. die Äste der A. genus media zur Versorgung des vorderen Kreuzbands, deren Läsion (durch Trauma oder Operationstechnik verursacht) eine funktionell erfolgreiche primäre Rekonstruktion des Bands oft unmöglich macht.

Größere Arterien, wie die A. articularis medialis superior, müssen intraoperativ geschont werden, da sonst der postoperative Heilungsprozeß beeinträchtigt wird. Die traumatisch bedingte oder chirurgische Durchtrennung der A. articularis medialis oder lateralis inferior erfordert eine einwandfreie chirurgische Blutstillung, da andernfalls postoperativ Hämatome Anlaß zu Komplikationen geben. Ein *traumatischer Hämarthros* ist ein Hinweis auf eine Kniebinnenläsion und muß immer durch eine Arthroskopie oder Arthrotomie abgeklärt werden.

Blutungsquellen können sein:
- Äste der A. genus media bei Kreuzbandläsionen (amerikanische Autoren fanden bei arthroskopischen Untersuchungen von intraartikulären Blutergüssen in 72% der Fälle teilweise oder komplette Rupturen des vorderen Kreuzbands),
- spongiöser Knochen bei osteochondralen Frakturen,
- perimeniskales Gefäßnetz bei peripherem Meniskusriß,
- Kapselgefäße bei inkompletten Kapsel-Band-Läsionen,
- Verletzungen der Kniegelenksumgebung (z. B. Riß des M. vastus medialis mit Eröffnung der Bursa suprapatellaris).

Bei schwerer Zerreißung dorsaler Kapselanteile kann sich ein Hämarthros in die umliegenden Weichteile drainieren („trokkenes Kniegelenk", Trillat 1973); trotz schwerer Kapsel-Band-Verletzungen liegt dann kein Hämarthros vor.

Ist der synoviale Überzug des Kreuzbands bei einer Kreuzbandruptur erhalten, so kann ein Hämarthros fehlen.

Das Volumen des Gelenkinnenraums variiert unter normalen und pathologischen Umständen. Ein intraartikulärer Erguß (Hämarthros oder seröser Erguß) füllt die Bursa suprapatellaris, beide Recessus parapatellares sowie alle übrigen mit dem Gelenk kommunizierenden Bursen (v. a. die Bursae subtendineae m. gastrocnemii). Patienten mit einem prallen Gelenkerguß halten das Kniegelenk meist in einer „Mittelstellung", da bei maximaler Füllung des Gelenks mit Synovialflüssigkeit diese Position am wenigsten schmerzhaft ist.

Innervation

Hautnerven (Abb. 41 a, b):
- *Rami cutanei anteriores und mediales des N. femoralis,*
- *Ramus infrapatellaris des N. saphenus,*
- *Ramus communicans n. sapheni des N. obturatorius,*
- *Plexus patellaris,*

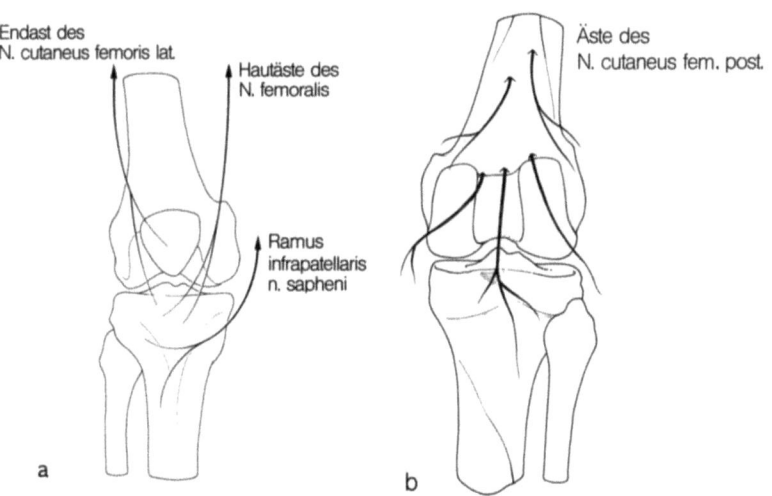

Abb. 41 a, b. Rechtes Kniegelenk. Hautinnervation (sehr variabel): Ansicht von **a** ventral, **b** dorsal

- Endäste des *N. cutaneus femoris lateralis,*
- Endäste des *N. cutaneus femoris posterius.*

Gelenksäste (Abb. 42 a, b):
- *Ramus articularis* aus dem *Ramus posterius* des *N. obturatorius,*
- *Rami articulares* aus den Muskelästen des *N. femoralis* für die Mm. vastus medialis obliquus, intermedius und lateralis,
- *Rami articulares* des *N. tibialis:* 3 Äste, die jeweils mit den Aa. articulares superiores und inferiores mediales und der A. genus media verlaufen; plexusartige Verzweigungen für die Versorgung des medialen Compartments,

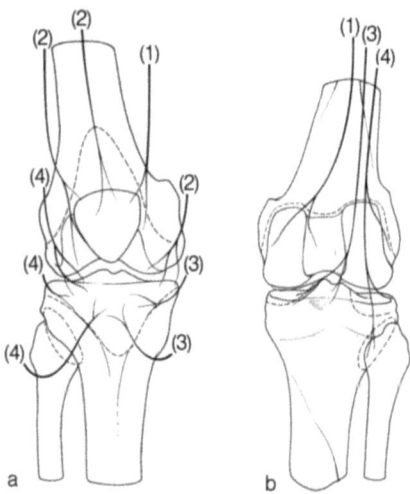

Abb. 42 a, b. Rechtes Kniegelenk. Gelenkinnervation: Ansicht von **a** ventral, **b** dorsal. Gelenkkapselansätze punktiert; *1* Äste des N. obturatorius, *2* Äste des N. femoralis, *3* Äste des N. tibialis, *4* Äste des N. peronaeus communis

– *Rami articulares* des *N. peronaeus communis:* 3 Äste, die jeweils mit den Aa. articulares superiores und inferiores laterales sowie als N. articularis recurrens mit der A. recurrens tibialis anterior verlaufen;
plexusartige Verzweigungen für die Versorgung des lateralen Compartments und der Articulatio tibiofibularis proximalis.
In allen Bändern und auch in den Menisken finden sich Nerven und Nervenendigungen (Propriorezeptoren).

Die Äste des N. saphenus müssen durch geeignete Inzisionen und atraumatische Operationstechnik soweit wie möglich geschont werden. Auch bei der operativen Verlagerung von Sehnen und Muskeln ist darauf zu achten, daß die Nerven nicht durchtrennt, eingenäht oder gespannt werden (z.B. bei Pesanserinus-Plastik, Verlagerung des M. sartorius, etc.). An der lateralen Seite gilt dies ebenso für den N. peronaeus, der bei größeren Eingriffen immer zuerst dargestellt werden sollte (z.B. bei Transfer der Bizepssehne).

Biomechanische und funktionelle Hinweise

Die Bewegungsabläufe im Kniegelenk sind kompliziert und unterliegen den Gesetzen der Kinematik, welche sich zwangsläufig aus der Form der Gelenkkörper und den Ansatzpunkten und Ansatzformen der Bänder ergibt.
Das Kniegelenk ermöglicht Bewegungen im 3 Ebenen; unter den 6 möglichen Arten der Bewegungen des Kniegelenks sind 2 Grundtypen zu unterscheiden (Noyes):
- Rotationsbewegungen,
- Verschiebebewegungen in einer Ebene.

Die 3 Rotationsbewegungen sind:
- Beugung bzw. Streckung,
- Abduktion bzw. Adduktion des Unterschenkels,
- Innen- bzw. Außenrotation des Unterschenkels.

Bei diesen 3 Rotationsbewegungen verläuft die Drehachse jeweils in einer anderen Ebene.
Die 3 Verschiebebewegungen sind:
- Verschiebungen im Sinne der vorderen bzw. hinteren Schublade,
- Distraktions- bzw. Kompressionsbewegungen der Gelenkoberflächen,
- mediale bzw. laterale Seitverschiebung.

All diese Bewegungen werden von unterschiedlichen Kräften eingeschränkt. Man kann diese Widerstandskräfte gegen die Gelenkbewegungen unterteilen in
- muskuläre,
- ligamentäre,
- durch den knöchernen Gelenkkontakt bedingte.

Die aktiven muskulären Widerstandskräfte werden sowohl durch die willkürliche als auch durch die unwillkürliche Muskelkontraktion erzeugt. Die Muskulatur des Oberschenkels ist primär zwar für die Bewegung verantwortlich, kontrolliert aber auch Rotation und Dezeleration.

Die ligamentären Widerstandskräfte sind durch die Kapsel-Band-Strukturen bedingt. Diese Widerstandskraft kann nur zur Wirkung kommen, wenn die Kapsel-Band-Strukturen intakt sind und passiv „unter Spannung" stehen. Überdies halten die Bänder des Kniegelenks das distale Femur und den proximalen Schienbeinanteil in einer Relativposition zueinander.

Der Widerstand durch die tibiofemoralen Kontaktkräfte an den Gelenkflächen ist abhängig von der Form des Knochens und der Gelenkgeometrie. Die Kontaktkräfte resultieren teils aus der axialen Körperbelastung, teils aus der Muskelkontraktion (Tonus); der stabilisierende Effekt dieser Knochenkontaktkräfte nimmt zu, wenn die axiale Belastung und die muskuläre Kontraktionskraft ansteigen.

Die axiale Belastung des Kniegelenks hat einen wichtigen stabilisierenden Effekt auf tibiofemorale Bewegungen; sie schränkt Verschiebungen und Drehbewegungen (verursacht durch äußere Gewalteinwirkung und passive Bewegungen) ein und schützt dadurch die Kapsel-Band-Strukturen vor extremen Spannungskräften. Beim unbelasteten Knie werden den von außen einwirkenden Kräften nur Widerstandskräfte durch die Kapsel-Band-Strukturen (ligamentäre Widerstandskräfte) entgegengesetzt. Hingegen werden die Widerstandskräfte durch den Gelenkkontakt (Kompressionskräfte) im tibiofemoralen Gelenkabschnitt durch 2 Mechanismen hervorgerufen: durch die Kontraktionskraft der Kniemuskulatur mit dem neuromuskulären Kontrollsystem und die axiale Belastung durch das Körpergewicht.

Neben dieser Analyse der Bewegungsmöglichkeiten im Kniegelenk kann man folgende „Basisfunktionen" der Kniebewegung (Nicholas 1973) angeben:
- Stehen,
- plötzliches Anhalten („Stoppen"),
- Gehen,
- Laufen,
- Springen,
- plötzliches Strecken („Kicken").

All diese komplexen Bewegungsabläufe sind nur bei voller funktioneller Stabilität des Kniegelenks ungestört möglich.

Unter funktioneller Gelenkstabilität versteht man die Möglichkeit des menschlichen Körpers, Bewegungen des Gelenks zu kontrollieren, wenn dieses durch unterschiedlichste Aktivitäten hervorgerufenen Kräften ausgesetzt ist. Die *funktionelle Stabilität* ist die Stabilität bei allen Bewegungen und bei Belastungen in

Ruhe, also sowohl in dynamischen als auch in statischen Situationen. Sie resultiert aus dem Zusammenwirken des neuromuskulären Systems, der Kapsel-Band-Strukturen und der Gelenkgeometrie (Abb. 43). Der Verlust einer dieser Faktoren kann zu einer funktionellen Instabilität führen, deren Schweregrad vom Ausmaß der Aktivitäten des Patienten und von seinen muskulären Kompensationsmöglichkeiten abhängig ist. Eine Behinderung tritt auf, wenn die Instabilität den Patienten bei der Ausübung einer gewünschten Aktivität behindert, das heißt, wenn das individuelle Kompensationslimit überschritten wird.

Das Zusammenwirken der Kapsel-Band-Strukturen, der Muskel-Sehnen-Einheiten, der Menisken und der

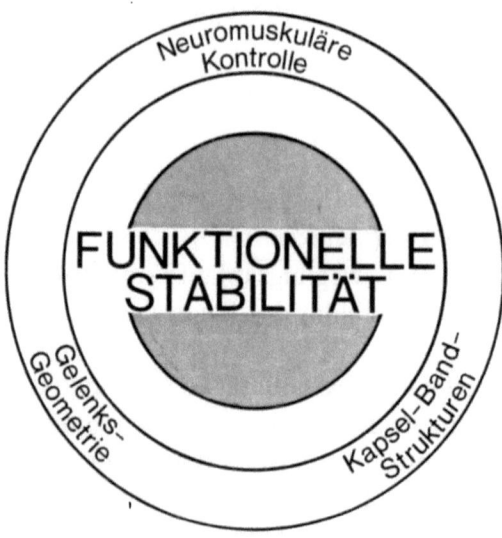

Abb. 43

knöchernen Oberfläche der Gelenkkörper läßt sich biomechanisch analysieren (Abb. 44): Bedingt durch die Retroversio der Tibia besteht bei vertikaler Längsachse des Schienbeins eine Tendenz der Femurkondylen, nach dorsal zu gleiten. An diesem Dorsalgleiten werden die Femurkondylen durch die Kapsel-Band-Strukturen gehindert: Das vordere Kreuzband verhindert durch seinen Verlauf das Dorsalgleiten des Femurs auf dem Tibiaplateau und wird dabei durch die meniskotibialen Abschnitte der Kapselbänder und durch die Menisken unterstützt. Die Hinterhörner der Menisken umgreifen die Femurkondylen und bilden einen Widerhalt, die Menisken sind durch die kurzen

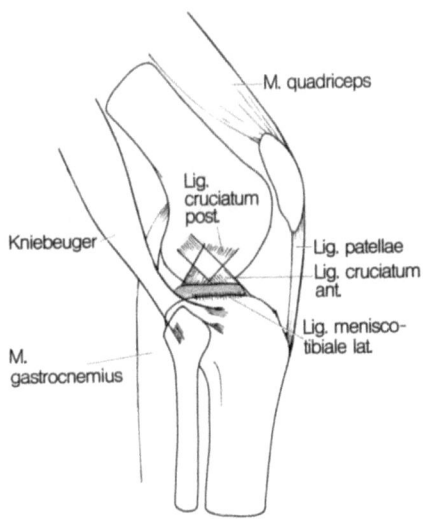

Abb. 44. Rechtes Kniegelenk. Ansicht von lateral: Synergisten und Antagonisten des vorderen und hinteren Kreuzbands

meniskotibialen Bänder fest mit dem Schienbeinplateau verbunden. (Auch andere Bänder führen zu den Menisken, doch sind diese aufgrund ihrer Länge und Eigenelastizität für diese Aufgabe nicht so geeignet wie die kurzen meniskotibialen Bänder.) Das vordere Kreuzband und die Menisken mit ihren meniskotibialen Bandansätzen werden dabei von der Kniebeugemuskulatur unterstützt.

Das hintere Kreuzband verhindert gemeinsam mit dem Streckapparat das Vorwärtsgleiten des Femurs am Schienbeinplateau, unterstützt wird es dabei durch andere Bänder (Lig. popliteum obliquum, Lig. popliteum arcuatum).

Für die Stabilisierung des Gelenks in einer Richtung kann jeweils ein ligamentärer Hauptstabilisator angegeben werden, der von den anderen Kapsel-Band-Strukturen als sekundäre Stabilisatoren unterstützt wird: Für die ventrale Stabilität ist das vordere, für die hintere Stabilität das hintere Kreuzband verantwortlich, die mediale und die laterale Stabilität wird von den jeweiligen Seitenbändern gewährleistet. Die Kapsel-Band-Strukturen des Kniegelenks haben meist mehr als eine Funktion und unterstützen sich somit gegenseitig.

Literatur

Abbott LC, Carpenter WF (1945) Surgical approaches to the knee joint. J Bone JT Surg 27 A: 277–310

Bandi W (1974) Zur Frage der traumatischen Auslösung der Chondromalacia patellae. Orthopäde 3: 201–207

Basmajian JV, Lovejoy JF Jr (1971) Functions of the popliteus muscle in man. J Bone JT Surg 53 A: 557–562

Brantigan OC, Voshell AF (1941) The mechanics of the ligaments and menisci of the knee joint. J Bone JT Surg 23 A: 44–46

Cotta H, Niethard FV (1979) Biomechanische und biochemische Grundlagen der Entstehung einer posttraumatischen Arthrose. Chirurg 50: 595–598

Dakhan P, Delepina G, Lande D (1981) The femoropatellar joint. Anat Clin 3: 23–39

Fick R (1911) Handbuch der Anatomie und Mechanik der Gelenke unter Berücksichtigung der bewegenden Muskeln. Teil 3, spezielle Gelenks- und Muskelmechanik. Fischer, Jena

Fischer O (1907) Kinematik organischer Gelenke. Die Wissenschaft, 18. Heft. Vieweg, Braunschweig

Fischer LP, Carret JP, Gonon GP, Sayfi Y (1976) Vascularisation artérielle du ligament rotulien (Ligamentum patellae) et du tendon d'achille (Tendo calcaneus) chez l'homme. Bull Assoc Anat (Nancy) 60: 323–335

Fischer LP, Guyot J, Gonon GP, Carret JP, Courcelles P, Dakhan P (1978) Du rôle des muscles et des ligaments dans le contrôle de la stabilité du genou. Anat Clin 1: 43–53

Gardner E (1948) The innervation of the knee joint. Anat Rec 101: 109–130

Henle FGJ (1876) Handbuch der Gefäßlehre des Menschen, 2. Aufl. Vieweg, Braunschweig

Hollinshead WH (1968–1971) Anatomy for surgeons, vol 3, 2nd ed. Hoeber Med Div, New York

Hughston JC (1973) A surgical approach to the medial and posterior ligaments of the knee. Clin Orthop 91: 29–33

Hughston JC, Eilers AF (1973) The role of the posterior oblique ligament in the repairs of acute medial (collateral) ligament tears of the knee. J Bone JT Surg 55-A: 923–940

Hughston JC, Bowden JA, Andrews JR, Norwood LA (1980) Acute tears of the posterior cruciate ligament. J Bone JT Surg 62 A: 438–450

Jäger M, Wirth CJ (1978) Kapselbandläsionen. Thieme, Stuttgart

James SL (1978) Surgical anatomy of the knee. In: Schulitz KP, Krahl H, Stein WH (eds) Late reconstructions of injured ligaments of the knee. Springer, Berlin Heidelberg New York

Kapandji IA (1970) The physiology of the joints. vol 2. Livingston, Edinbourgh London New York

Kaplan EB (1957) Surgical approach to the lateral (peroneal) side of the knee joint. Surg Gynecol Obstet 104: 346–356

Kaplan EB (1958) The iliotibial tract. J Bone JT Surg. 40 A: 817–832

Kaplan EB (1961) The fabello fibular and short lateral ligaments of the knee joint. J Bone JT Surg 43 A: 169–179

Kennedy JC (1979) The injured adolescent knee. Williams & Wilkins, Baltimore

Kiesselbach A (1977) Zur Entwicklung der Anatomie in den letzten 100 Jahren. Jahrbuch der Universität Düsseldorf 1976/77, Triltsch Druck und Verlag, Düsseldorf

Krause KFTH (1876–1881) Handbuch der menschlichen Anatomie. 3. Aufl, Bd 1–3. Hahn, Hannover

Lahlaïdi A (1975) Vascularisation artérielle des ligaments intraarticulaires du genou chez l'homme. Folia Angiol, vol XXIII: 178–181

Lanz T von, Wachsmuth W (1972) Praktische Anatomie. Bd 1/4. Springer, Berlin Heidelberg New York

Larson RL (1975) Dislocation and ligamentous injuries of the knee. In: Rockwood CA, Green DP (eds) Fractures. vol 2. Lippincott, Philadelphia Toronto, p 1227–1256

McLeod WD, Hunter ST (1980) Biomechanical analysis of the knee. Phys Ther 60: 1561–1564

Mann RA, Hagy JL (1977) The popliteus muscle. J Bone JT Surg 59A: 924–927

Marshall JL, Girgis FG, Zelko RR (1972) The biceps femoris tendon and its functional significance. J Bone JT Surg 54A: 1444–1450

Menschik A (1974, 1975, 1974) Mechanik des Kniegelenks.
  1. Teil, Z Orthop 112: 481–495
  2. Teil, Z Orthop 113: 388–400
  3. Teil, Verlag F. Sailer, Wien

Müller W (1977) Functional anatomy relates to rotatory instability of the knee. In: Chapchal G (ed) Injuries of the ligaments and their repair. PSG, Littleton

Müller W (1981) Persönliche Mitteilungen, Basel

Muhr G, Wagner M (1981) Kapsel-Bandverletzungen des Kniegelenkes – Diagnostikfibel. Springer, Berlin Heidelberg New York

Nicholas JA (1973) Glossary of sports maneuvers in which the knee is immediately involved. Presented at A.A.O.S. Postgraduate course. The injured knee in sports. Special reference to the surgical knee. Eugene, Oregon

Norwood LA, Cross MJ (1979) Anterior cruciate ligament: functional anatomy of its bundles in rotatory instabilities. Am J Sports Med 7: 23–26

Noyes FR, Grood ES, Butler DL, Paulos LE (1980) Clinical biomechanics of the knee – ligament restraints and functional stability, 1. In A.A.O.S. Symposium on the athlete's knee – surgical repair and reconstruction. Mosby, St Louis Toronto London, p 1–35

Paturet G (1951–1964) Traité d'anatomie humaine. Bd 2. Masson, Paris

Platzer W (1979) Bewegungsapparat. In: Kahle W, Leonhardt H,

Platzer W, Taschenatlas der Anatomie, Band 1, Thieme, Stuttgart

Poigenfürst J (im Druck) Deutsch für junge Publizisten

Reider B, Marshall JL, Koslin B, Ring B, Girgis FG (1981) The anterior aspect of the knee joint. An anatomical study. J Bone JT Surg 63 A: 351–356

Scapinelli R (1968) Studies on the vasculature of the human knee joint. Acta Anat (Basel) 70: 305–331

Schabus R, Wagner M, Firbas W (1981) Funktionelle Anatomie des Kniegelenkes. Acta Anat (Basel) 111: 193

Scharf W, Schabus R, Wagner M (1981) Das laterale Kapselzeichen. Unfallheilkunde 84: 518–523

Slocum DB, Larson RL (1968) Rotatory instability of the knee. J Bone JT Surg 50 A: 211–225

Trillat A (1973) Chirurgie du Genou. Masson, Paris

Wagner M (1981) Das laterale Pivot-Shift-Phänomen. Acta Chir Austriaca [Suppl.] 38

Sachverzeichnis

A

Apex fibulae 32
Arcuatumkomplex 30
Areae intercondylares 6
Articulatio femoropatellaris 38

B

Band, iliotibiales 31, 37
Bursa anserina 27, 75
- gastrocnemiosemimembranosa 75
- infrapatellaris profunda 76
- - subcutanea 76
- lig. collateralis tibialis 25, 75
- m. bicipitis femoris inferior 35, 76
- m. semimembranosi 74
- praepatellaris subcutanea 76
- - subfascialis 76
- - subtendinea 76
- subcutanea tuberositatis tibiae 76
- subtendinea m. gastrocnemii 13, 73
- suprapatellaris 13, 73
- tibiosemimembranosa 75

D

Dezeleration 15, 57, 69

E

Eminentia intercondylaris 6f.
Epicondylus lateralis femoris 31
- medialis femoris 3, 22, 24

F

Fabella dolorosa 10
Facette, Beuge- 8
-, laterale Haupt- 8

Facette, mediale Haupt- 8
–, Rand- 8
–, Streck- 8
Facies patellaris 3, 8
Fascia cruris 24, 31
– lata 24, 30
Femurkondylus 3 ff., 19, 38
Fettkörper, infrapatellarer 37, 69
Fossa intercondylaris 3, 7

G

Gefäßnetz, infrapatellarer Fettkörper 78
–, perimeniskales 78
–, zentroartikuläres 77
Gelenkknorpel, hyaliner 11 f.

K

Kaplan-Fasern 31
Kapsel, dorsale 19, 22, 25, 30, 35, 45 f.
Kapselband, laterales 30 f., 33 ff.
–, mediales 19, 22 f., 24 ff.
Kniegelenk, Basisfunktionen 87
–, Bewegungen 85 f.
Kondylenkappe 22, 47
Kreuzband, Funktionen 54 f., 57

–, hinteres 19, 30, 36, 47 f., 55 f.
–, vorderes 19, 30, 35, 47 f., 50

L

Lamina vastoadductoria 41
Lig. fabellofibulare 47
– femorotibiale anterius laterale 30 f.
– meniscofemorale anterius (Humphrey-Ligament) 56, 61, 63
– meniscofemorale posterius (Wrisberg-Ligament) 56, 61, 63
– patellae 22, 38
– patellofemorale laterale 37, 39
– – mediale 22, 37 f.
– patellomeniscale 60, 63 f.
– patellotibiale laterale 37, 39, 60
– – mediale 22, 37, 39
– popliteum arcuatum 30, 33, 36, 46 f.
– – obliquum 29, 45 f.
– transversum genus 60
Linea aspera 31
– m. solei 36

M

Margo medialis tibiae 24, 29, 36

Meniskus, Funktionen 66
–, lateraler 30, 36, 56, 59 f., 63
–, medialer 19, 23, 30, 59 f., 63
–, Verletzungen 67 f.
Meniskusbasis 59
M. adductor magnus 26, 41
- articularis genus 37, 43
- biceps femoris 16 f., 30 ff., 34 f., 46
- gastrocnemius 10, 16, 20, 30, 46
- glutaeus maximus 31
- gracilis 16 f., 20, 27
- popliteus 6, 16 f., 29 f., 33, 35 f., 46, 63
- quadriceps femoris 13, 15 ff., 25, 37 f., 44
- rectus femoris 15, 37
- sartorius 16 f., 20, 27
- semimembranosus 16 f., 20, 25, 28 f., 46, 63
- semitendinosus 16 f., 20, 27
- tensor fasciae latae 17, 31
- vastus intermedius 15, 37
- - lateralis 15, 30 f., 36 f.
- - medialis 15, 20, 23, 25 f., 37
- - - obliquus 15, 20, 22 f., 26 ff., 37, 41

N

N. femoralis 81
- obturatorius 81 f.
- peronaeus communis 83
- saphenus 81
- tibialis 82

P

Patella 7, 37 f.
Pes anserinus 16, 20, 22, 27, 41, 46
pivot central 48
Plica infrapatellaris 69, 71
- mediopatellaris 71
- suprapatellaris 71
Plicae alares 69, 72

Q

Quadricepssehne 7

R

Recessus parapatellares 13, 43
- subpopliteus 33, 35 f., 75
- suprapatellaris 43
Reservestreckapparat 23
Rete articulare genus 77
- patellae 79
Retinaculum longitudinale mediale 22
- patellae 19, 22 f., 25 f.
- transversale mediale 22
Retinakulum, laterales 30 f., 37, 39
–, mediales 37 f.
Retropositio 6

Retroversio 6
Roll-Gleit-Bewegung 49, 55, 57

S

Schienbeinplateau 6, 7, 19
Schlußrotation 52, 54 f.
Schrägband, hinteres 19, 25, 30
Seitenband, fibulares 30 f., 35, 49
–, tibiales 19, 22 f., 48 f.
Septum intermusculare laterale 30 f.
Streckapparat 38
Sulcus patellaris 38, 43
Synovialpumpe 13

T

Tibiakondylus, medialer 23, 25
Tractus iliotibialis 30 ff., 37
Tuberculum adductorium 6, 22, 25
– GERDY 31, 35
Tuberositas tibiae 27
– tractus iliotibialis 31

W

Wadenbeinköpfchen 32, 35
Winkel „Q" 41 ff.

Werner Müller

Das Knie

Form, Funktion und ligamentäre Wiederherstellungschirurgie
1982. 299 Abbildungen in 462 Teilabbildungen. XVI, 352 Seiten
Gebunden DM 248,–. ISBN 3-540-08379-0

Inhaltsübersicht: Anatomie. Kinematik. Rotation. Untersuchung des verletzten Kniegelenks. – Verletzungen der Bänder und der Kapsel. Allgemeine Operationstechnik. Die primäre Rekonstruktion der speziellen Verletzungen. Die sekundäre Rekonstruktion und der plastische Ersatz der Bänder bei der veralteten Verletzung. Die postoperative Rehabilitation. Krankengut und Resultate. – Quellennachweis. – Literatur. – Sachverzeichnis.

Dieses Buch beschreibt umfassend die konservativen und insbesondere die operativen Behandlungsmöglichkeiten der frischen und alten Bandverletzungen am Kniegelenk. Neben der funktionellen Anatomie und den zur Indikationsfindung wichtigen diagnostischen Möglichkeiten werden die therapeutischen Konsequenzen dargestellt und abgehandelt. Ein eigenes Kapitel beschäftigt sich mit der Meniscuspathologie. Das Besondere an diesem Werk ist, daß die Zusammenhänge der diagnostisch zu verwertenden Phänomene mit den normalen Funktionsabläufen in Zusammenhang gebracht und verglichen werden.

Ein umfangreiches Abbildungsmaterial sorgt für das notwendige Verständnis und erläutert anschaulich die anatomischen Grundlagen, die Gesetze der Biomechanik und die funktionellen Gegebenheiten sowie Diagnostik und Technik der operativen Rekonstruktion. Damit erhält auch der nicht operativ tätige Arzt, der sich mit dem Kniegelenk beschäftigt, einen erweiterten Einblick in die komplexen Abläufe der Beanspruchung, der Operateur einen hervorragenden Überblick, wie er Läsionen besser erkennen und damit entsprechend gezielter versorgen kann.

Springer-Verlag
Berlin
Heidelberg
New York

Arthritis of the Knee
Clinical Features and Surgical Management
Editor: M. A. R. Freeman
With contributions by numerous experts
1980. 206 figures, 50 tables. XIII, 282 pages. Cloth DM 198,-
ISBN 3-540-09699-X

aus der Reihe:
Hefte zur Unfallheilkunde:

Heft 120
Knochenverletzungen im Kniebereich
2. Reisensburger Workshop zur klinischen Unfallchirurgie, 18.–21. September, 1974
Herausgeber: C. Burri, A. Rüter, W. Spier
Unter Mitarbeit zahlreicher Fachwissenschaftler
1975. 71 Abbildungen.
VIII, 149 Seiten. DM 36,-
ISBN 3-540-07200-4

Heft 127
Knorpelschaden am Knie
4. Reisensburger Workshop zur klinischen Unfallchirurgie, 25.–27. September 1975
Herausgeber: C. Burri, A. Rüter
1976. 127 Abbildungen, 40 Tabellen. XI, 228 Seiten. DM 48,-
ISBN 3-540-07599-2

Heft 142
P. Hertel
Verletzung und Spannung von Kniebändern
Experimentelle Studie
1980. 61 Abbildungen, 25 Tabellen. VII, 94 Seiten
DM 40,-. ISBN 3-540-09847-X

H.-R. Henche
Die Arthroskopie des Kniegelenks
Mit einem Geleitwort von E. Morscher
1978. 163 Abbildungen, davon 66 farbig, 1 Tabelle. X, 86 Seiten
Gebunden DM 136,-
ISBN 3-540-08380-4

Late Reconstructions of Injured Ligaments of the Knee
Editors: K.-P. Schulitz, H. Krahl, W. H. Stein
With contributions by
M. E. Blazina, D. H. O'Donoghue, S. L. James, J. C. Kennedy, A. Trillat
1978. 42 figures, 21 tables. V, 120 pages. Cloth DM 56,-
ISBN 3-540-08720-6

G. Muhr, M. Wagner
Kapsel-Band-Verletzungen des Kniegelenks
Diagnostikfibel
1981. 70 Abbildungen.
X, 103 Seiten. (Kliniktaschenbücher). DM 25,-
ISBN 3-540-10397-X

C. J. P. Thijn
Arthrography of the Knee Joint
Foreword by J. R. Blickman
1979. 173 figures in 209 separate illustrations, 11 tables.
IX, 155 pages. Cloth DM 98,-
ISBN 3-540-09129-7

Springer-Verlag
Berlin Heidelberg New York

MIX
Papier aus verantwortungsvollen Quellen
Paper from responsible sources
FSC® C105338

If you have any concerns about our products,
you can contact us on
ProductSafety@springernature.com

In case Publisher is established outside the EU,
the EU authorized representative is:
**Springer Nature Customer Service Center GmbH
Europaplatz 3, 69115 Heidelberg, Germany**

Printed by Libri Plureos GmbH
in Hamburg, Germany